AF509581

MARIE DE MANACÉÏNE

LE SOMMEIL

TIERS DE NOTRE VIE

PATHOLOGIE, PHYSIOLOGIE, HYGIÈNE, PSYCHOLOGIE

TRADUIT DU RUSSE

Avec l'autorisation de l'auteur

PAR

ERNEST JAUBERT

PARIS

G. MASSON, ÉDITEUR

120, BOULEVARD SAINT-GERMAIN

1896

LE SOMMEIL

TIERS DE NOTRE VIE

655-93. — Corbeil. Imprimerie Éd. Crété

MARIE DE MANACÉINE

LE
SOMMEIL

TIERS DE NOTRE VIE

PATHOLOGIE, PHYSIOLOGIE, HYGIÈNE, PSYCHOLOGIE

TRADUIT DU RUSSE

Avec l'autorisation de l'auteur

PAR

ERNEST JAUBERT

PARIS

G. MASSON, ÉDITEUR

120, BOULEVARD SAINT-GERMAIN

1896

A

SA MAJESTÉ L'EMPEREUR

NICOLAS II

CETTE VERSION FRANÇAISE EST DÉDIÉE

TRÈS RESPECTUEUSEMENT

PAR LE TRADUCTEUR

ERNEST JAUBERT.

LE SOMMEIL

TIERS DE LA VIE HUMAINE

I

PHYSIOLOGIE DU SOMMEIL

Chaque homme aime la vie, chaque homme veut vivre le plus longtemps possible, et cependant chacun consacre le tiers et même parfois la moitié de son existence au sommeil. « Pourquoi tâcher de prolonger notre vie, si l'on en emploie une grande partie au sommeil ? » demandait déjà Em. Kant, qui préconisait les heures matinales et l'amoindrissement des heures consacrées au sommeil.

Qu'est-ce donc que ce sommeil ? et sous quels rapports un homme qui dort se distingue-t-il d'un homme éveillé ? — telles sont les questions que nous allons chercher à résoudre.

Il serait difficile de trouver une face de la vie envers laquelle l'humanité se soit montrée aussi injuste et aussi ingrate qu'envers le sommeil, car non seulement elle profite continuellement de tous les bienfaits du sommeil, mais bien souvent elle en abuse même, et malgré tout elle ne lui accorde aucune attention et ne le compte même pas au nombre des questions qui méritent d'être sérieusement étudiées. Il suffit de considérer ce qui se passe autour de nous tous les jours, pour nous convaincre que les gens du monde comme les hommes de science trouvent le temps et la volonté de s'adonner à une étude plus ou moins sérieuse des phénomènes du même ordre, comme la soi-disant lecture des pensées, comme le transfert de la capacité visuelle aux extrémités des doigts, ou le transfert de l'ouïe dans la région de l'estomac. Les gens du monde comme les hommes de science trouvent le temps de se livrer à l'étude des soi-disant miracles du spiritisme, et personne d'entre eux, sauf des exceptions peu nombreuses, ne juge nécessaire de se consacrer à la recherche de la raison d'être du sommeil, ou à l'étude de l'hygiène, de la pathologie et de la psychologie du sommeil. Et cependant nous passons le tiers de notre existence à dormir, comme nous l'avons dit plus haut ; par conséquent, si nous ne prêtons aucune attention au sommeil, et c'est le cas le plus ordinaire, nous laissons par cela même le tiers de notre vie en dehors des questions que nous estimons dignes de nos recherches. Il est évident que le sommeil, constituant une partie considérable et strictement définie de notre vie, doit avoir avec cette vie une relation intime et constante, si bien que plusieurs particularités de notre état de veille ne peuvent pas être comprises tant que la nature et les phénomènes du sommeil restent inexpliqués et incompris.

Dans les pages qui suivent, nous aurons plusieurs fois l'occasion de reconnaître la vérité de ce que nous venons de dire, car nous tomberons bien souvent sur des questions que l'insuffisance des données actuellement recueillies sur ces phénomènes nous empêche de résoudre.

Le fait est que tout ce que nous connaissons du sommeil est dû aux travaux d'un nombre relativement petit de savants ; et nous devons par avance avertir nos lecteurs que, dans nos recherches sur le sommeil, nous sommes bien souvent forcés de nous contenter de données quelque peu arides et d'explications bien incomplètes ; mais qu'y faire ? L'homme en général se passionne pour tout ce qui brille dans un lointain inaccessible, pour tout ce qui est merveilleux et invraisemblable. Il est à regretter qu'il ne remarque précisément pas les merveilles qui se trouvent en lui-même, qui sont répandues dans son milieu ambiant, et de la juste appréciation desquelles dépendent en grande partie, non seulement sa propre santé et la santé d'autrui, mais aussi le bien-être et le bonheur de l'humanité tout entière. L'homme ne remarque rien de tout cela, il ne s'intéresse pas à cela, tandis qu'il se donne beaucoup de peine, qu'il dépense beaucoup d'énergie pour démontrer la possibilité de phénomènes en contradiction directe avec toute la logique, avec toutes les lois reconnues de la nature. Tout le monde sait, par exemple, avec quelle admirable patience nos contemporains demeurent assis au milieu de pièces obscures, dans l'attente de bruits mystérieux, de faits étranges, soulèvement des tables et des chaises, matérialisation d'êtres invisibles, appartenant au monde inconnu des esprits, et combien d'autres phénomènes impossibles du même ordre !

L'humanité consacre beaucoup de temps, de peine et de bonne volonté à une pareille étude, alors que les phénomènes du sommeil normal demeurent encore inétudiés, alors que l'humanité, dix-neuf siècles après Jésus-Christ, ne sait pas encore comment modifier les conditions du sommeil selon les différentes maladies ou le surmenage des divers organes du corps, ou les changements du genre de vie quotidien. On ne sait rien de tout cela, mais en revanche plusieurs de nos contemporains ont eu l'heureuse chance de voir des mains, des bras, des jambes matérialisés, et même ils ont vu des corps entiers d'esprits ; et, quoique ces apparitions n'expliquent rien, ne soient d'aucune utilité, tout le monde les trouve néanmoins très intéressantes, sans doute à cause de leur contradiction avec la logique et le sens commun.

*
* *

Le sommeil, — pour revenir à notre sujet, — le sommeil, rentrant dans la catégorie des phénomènes quotidiens, des phénomènes habituels et à la portée de chacun, n'a guère attiré sur lui l'attention de l'humanité, si ce n'est à un point de vue tout spécial, alors que les hommes voyaient dans les songes un moyen de prévoir l'avenir, espéraient que les songes leur montreraient les événements futurs, cachés à leurs yeux mortels par l'impénétrable voile de l'avenir. Dès les temps les plus reculés, l'humanité cherchait dans les rêves un sens particulier et prophétique ; et dans l'*Iliade* d'Homère, dans l'*Énéide* de Virgile, dans les *Métamorphoses* d'Ovide, partout nous rencontrons des récits de songes prophétiques. Ces tendances, ces efforts se sont poursuivis avec une remarquable persévérance jusqu'à nos jours, et non seulement dans le peuple en général, mais aussi parmi les classes supérieures de la société contemporaine. A preuve, les nombreuses éditions de la *Clef des Songes* ou de brochures analogues, et les conversations qu'on entend si souvent sur ce sujet et qui se réduisent pour la plupart à découvrir un sens prophétique à tel ou tel rêve donné.

C'est dans cet ordre de faits que nous trouvons

aussi les premières lueurs de l'idée des « suggestions, » laquelle a déjà suscité toute une littérature.
En attribuant aux songes une signification prophétique, les hommes les considéraient comme des
« suggestions » d'esprits malins ou bons : cette
idée, en se développant, a donné lieu à un système plus ou moins régulier, et il est évident
qu'elle devait laisser des traces plus ou moins
profondes dans le système névro-cérébral de
l'homme. Et voici qu'à la fin du XIXᵉ siècle, de ce
siècle si orgueilleux de sa civilisation, cette idée de
suggestion, transmise à l'état latent de nos aïeux à
nous-mêmes par la voie de l'hérédité, se ravive tout
d'un coup, s'impose à l'attention de nos savants
les plus érudits ; une littérature des plus étranges
surgit, une littérature qui tâche de démontrer que,
par la suggestion, employée pendant l'état hypnotique, on peut guérir toutes sortes de maladies, par
exemple les maladies mentales, les folies, etc. Les
savants du XIXᵉ siècle, fiers de leurs méthodes d'investigation précises et scientifiques, ont créé, sous
l'influence de l'atavisme, une littérature qui tâche
de démontrer que, par la suggestion, on peut in-
différemment forcer un homme à commettre un
horrible crime, changer un écolier paresseux en un
écolier diligent, et, bien plus, transformer les tendances criminelles et vicieuses en tendances ver-
tueuses et bonnes, etc. ! Ce phénomène est vraiment
remarquable, et il mérite une attention sérieuse.

En émettant cette opinion, nous avons en vue certainement, non pas la fantastique théorie des suggestions, mais le fait même que, grâce à la loi de l'hérédité, les pensées, les croyances de nos aïeux peuvent revivre en nous et, en prenant une forme nouvelle plus appropriée aux conditions contemporaines de la vie, plus appropriée à la science d'aujourd'hui, peuvent nous entraîner dans la région des investigations infructueuses et des conclusions erronées. Devant des faits de ce genre on se rappelle involontairement les paroles d'un grand poète allemand, disant que chacun de nous présente, à dire vrai, très peu d'originalité, très peu de qualités toutes personnelles, parce que la plupart de nos qualités et de nos traits caractéristiques ne sont que des modifications plus ou moins considérables des qualités et du caractère de tel ou de tel nos ancêtres. C'est la pensée que Gœthe a formulée dans les vers suivants :

> « Von Vater hab' ich die Statur,
> Des Lebens ernstes Führen,
> Von Mütterchen die Frohnatur
> Und Lust zu fabuliren.
> Urahnherr war der Schönsten hold,
> Das spukt so hin und wieder ;
> Urahnfrau liebte Schmuck und Gold,
> Das zuckt wohl durch die Glieder.
> Sind nun die Elemente nicht
> Aus dem Complex zu trennen,
> Was ist denn an dem ganzen Wi
> Original zu nennen ? »

Tylor a démontré que les objets familiers de nos demeures, les ornements ordinaires de notre mobilier, de nos maisons, etc., les jeux de nos enfants, gardent les traces des croyances, des mœurs, des cérémonies religieuses qui jadis fleurissaient sur la terre et qui, depuis lors, sont tombées dans l'oubli, enveloppées d'un brouillard séculaire. Mais toutes ces croyances, ces cérémonies religieuses, toutes ces coutumes et ces mœurs n'ont pas disparu dans la perspective infinie des siècles, elles vivent et nous entourent dans nos demeures, elles se dressent autour de notre foyer, elles nous saluent dans les jeux innocents de nos enfants. Et de même que notre entourage matériel garde nombreuses les traces de ces croyances, de ces idées lointaines qui jadis faisaient battre les cœurs des hommes, qui les remplissaient d'espoir, de joie, de tristesse, et qui peu à peu se sont perdues dans l'abîme du temps, de même notre âme conserve les traces de ces pensées, de ces sentiments qui jadis vivaient et fermentaient dans les cerveaux de nos ancêtres. L'homme d'à présent est en quelque sorte l'écho de ses aïeux, et les vibrations de son âme ne sont très souvent que des vibrations en réponse à ce qui a vibré jadis dans le lointain gris de plusieurs dizaines de siècles.

Les générations des hommes vivent et disparaissent comme les neiges d'antan, mais leurs qualités, leurs pensées, les idées qu'ils ont élaborées,

les vérités qu'ils ont conquises se transmettent indéfiniment aux générations futures, et l'abîme du
temps, qui engouffre tout, ne peut pas les en-
gloutir. « Tout ce qui existe n'est qu'une répétition de ce qui a été, » dit un de nos poètes russes
(Ogareff), et nous-mêmes nous ne sommes qu'une
répétition des humains qui nous précédèrent.

« Mais où sont les neiges d'antan ? »

demandait tristement un vieux poète français. Les
neiges d'antan ont disparu comme nos ancêtres,
mais elles renaissent dans les neiges d'aujourd'hui
comme dans les générations contemporaines renaissent et se reflètent très souvent les tendances,
les croyances, les idées de nos aïeux.

C'est à ce point de vue que la doctrine des suggestions mentales nous apparaît comme importante.

Nous avons dit que les hommes ne s'intéressaient au sommeil qu'autant qu'il pouvait contenter leur amour du merveilleux, leur désir de
deviner l'avenir, etc. Chez nous, en Russie, cette
tendance s'est reflétée même dans la langue, de
sorte qu'on emploie le mot « *son* » (sommeil) pour
désigner aussi les songes, quoique la langue russe
possède un autre mot pour exprimer ce dernier
sens, « *snowidenija* ». Il est évident que si l'on a
pris l'habitude d'employer le mot « *son* », qui dé-
signe le sommeil, c'est-à-dire un état général de
l'organisme humain, pour exprimer un phénomène

1.

partiel de cet état, c'est uniquement parce que ce phénomène partiel était considéré comme le plus important, le plus intéressant de cet état général.

*
* *

Avant tout, nous nous efforcerons de préciser autant que possible les différences qui existent entre l'état de veille et le sommeil.

La comparaison du sommeil avec la mort est fort en vogue ; on appelle volontiers le sommeil le frère de la mort ; mais à parler sérieusement, cette comparaison n'est pas juste, quoiqu'elle soit très pittoresque. Par la mort, nous entendons l'arrêt complet de toutes les fonctions du corps, c'est-à-dire l'arrêt complet des actes, non seulement de la vie psychique, mais aussi de la vie végétative, tandis que, pendant le sommeil, les fonctions végétatives ne s'interrompent nullement ; et quant aux fonctions psychiques, quelques-unes seulement se trouvent suspendues, les autres se continuant avec plus ou moins de modifications.

Quand on s'endort, les paupières s'abaissent et les yeux se ferment, les muscles volontaires des membres, du cou et du visage faiblissent ; et à cause de cela tout le corps de l'homme et surtout son visage nous présentent le tableau d'un repos complet. En même temps la respiration se modifie plus ou moins, elle se ralentit, et, d'après les observations du professeur Mosso, la quantité [illegible] d'air inspiré s'amoindrit pendant le sommeil d'une manière considérable, de sorte qu'au lieu de sept litres l'homme qui dort n'inspire quelquefois qu'un seul litre. En outre, on remarque un changement dans l'acte respiratoire lui-même : la respiration devient thoracique ou costale chez l'homme, tandis que pendant la veille prédomine généralement la respiration abdominale. D'après les observations du même professeur Mosso, on observe pendant le sommeil un affaiblissement accentué de la fonction du diaphragme chez l'homme ; en même temps l'inspiration devient plus longue qu'à l'état de veille, c'est-à-dire que chaque inspiration dure seulement 10/12 de toute la période respiratoire, tandis que pendant la veille elle dure 8/12 ; la pause respiratoire fait défaut pendant le sommeil. La profondeur de la respiration est considérablement amoindrie chez un homme endormi.

Tout ce que nous venons de dire s'applique aux hommes. Quant aux femmes, chez lesquelles, comme on sait, prédomine ordinairement la respiration costale, on ne sait rien des changements de leur respiration pendant le sommeil. Même ignorance en ce qui concerne les enfants ; mais comme, chez les petites filles âgées d'un a[illegible]onstaté la prédominance de la respiratio[illegible] pendant la veille, tandis que chez les pe[illegible] garçons de cet

âge on observait la respiration abdominale, nous
pouvons supposer, en tout cas, que chez les garçons, la respiration doit présenter les mêmes modifications pendant le sommeil, c'est-à-dire devenir
costale au lieu d'être abdominale. En ce qui touche
les petites filles, nous ne pouvons rien dire, parce
que nous manquons d'observations sur la respiration des femmes pendant le sommeil, observations
qui pourraient servir de base pour formuler, par
voie d'analogie, des conclusions exactes.

Les investigations de Voit et Pettenkoffer d'un
côté, celles de Scharping de l'autre, ont démontré
que le sommeil modifie le caractère entier des
échanges des gaz, c'est-à-dire que la quantité de
l'acide carbonique éliminé s'amoindrit et la quantité de l'oxygène absorbé s'accroît. Il est vrai que
la quantité d'acide carbonique éliminé dépend encore de plusieurs facteurs autres que le sommeil :
par exemple, l'obscurité elle-même, l'absence du
travail musculaire, la qualité de la nourriture et le
moment où elle a été ingérée. Henneberg a fait des
expériences sur des animaux (des bœufs et des
brebis), et il a trouvé que, dans les conditions ordinaires de la vie et sous l'influence de l'inanition,
c'est-à-dire sous l'influence de l'exclusion de toute
nourriture, la quantité d'acide carbonique éliminé
pendant la nuit était considérablement amoindrie,
tandis qu'on observait un accroissement de cette
quantité lorsque les animaux recevaient leurs ali-

ments surtout pendant la nuit. Après les travaux de Regnault et Reiset, il est hors de doute que la qualité même de la nourriture influence l'échange gazeux, pendant le sommeil comme pendant la veille. Comme exemple, on peut citer le fait suivant : Quand les animaux recevaient de la viande, c'est-à-dire une nourriture albumineuse, ils éliminaient 79 p. 100 de l'oxygène inspiré sous forme d'acide carbonique, tandis que lorsqu'ils étaient nourris d'amidons, ils éliminaient sous forme d'acide carbonique 91 p. 100 de l'oxygène absorbé.

Toutes les boissons alcooliques, le thé, les huiles éthérées, amoindrissent considérablement l'élimination de l'acide carbonique et, autant qu'on peut en juger à présent, tous ces liquides accentuent l'absorption de l'oxygène (Proust, Vierordt). D'un autre côté, Speck a démontré, par ses expériences, que l'élimination de l'acide carbonique se trouve dans un rapport intime avec l'introduction de la nourriture.

En tout cas, cependant, nous avons pleinement le droit de dire que, pendant le sommeil, l'échange gazeux s'affaiblit dans notre corps. Les observations de Boussingault sur des tourterelles établissent le même fait.

*
* *

Ainsi nous avons vu que le sommeil modifie le mécanisme de la respiration, laquelle, chez les

hommes, devient costale au lieu d'être abdominale, comme pendant la veille; en même temps
les inspirations se font plus longues et la quantité
d'oxygène inspiré s'accroît, tandis que la quantité d'acide carbonique éliminé dans un temps
donné présente un amoindrissement. Mais ce
n'est pas tout. En même temps que la respiration,
se modifie aussi la fonction cardiaque : le cœur
travaille plus lentement et moins énergiquement
que pendant la veille; les vaisseaux sanguins de
la surface du corps se dilatent, la pression sanguine tombe, et en même temps on remarque un
certain abaissement de la température interne, de
sorte que, pendant l'hiver, cette température tombe
jusqu'à 36,05° C. et, pendant l'été, jusqu'à 36,45°C.
L'abaissement maximum de la température s'observe entre minuit et 3 heures. La dilatation des
vaisseaux sanguins sur la surface du corps se
montre plus tôt, c'est-à-dire que chaque soir les
vaisseaux se dilatent et se gonflent, et c'est à raison
de cette dilatation que nous remarquons que vers
le soir nos cols et les autres parties de notre vête-
ment deviennent plus étroits et plus incommodes.
Martin a mesuré le volume de différentes parties
du corps pendant l'état de veille et pendant le sommeil, et il a trouvé qu'au milieu d'un sommeil
tranquille, pendant la nuit, la poitrine devenait de
8 lignes plus étroite; tandis qu'après une nuit,
blanche, la poitrine s'était élargie de 10 lignes

et le ventre de 5. Ces observations ont été effectuées au siècle dernier ; mais elles se trouvent
corroborées par les investigations des savants
contemporains, qui ont démontré l'amoindrissement de l'échange gazeux et la modification du
mécanisme respiratoire pendant le sommeil.

Mais en analysant ainsi un état tel que le sommeil, il ne faut pas oublier que cet état lui-même
n'est pas quelque chose de permanent et d'inva-
riable, mais au contraire qu'il présente certaines
variations et modifications, suivant le nombre des
heures consacrées au repos, le moment de la nuit,
le caractère des songes, l'état de l'organisme, et
aussi selon qu'on a soupé ou non, etc., etc. Il est
avéré, par exemple, que le pouls se ralentit pendant le sommeil, mais ce ralentissement n'est pas
continu et uniforme, il présente toujours certaines
variations. Ainsi chez un homme dont le pouls
avait 70 battements par minute entre 6 et 8 heures
du soir, on n'a plus constaté que 54 battements
par minute à minuit pendant le sommeil ; après
minuit le pouls commence à s'accélérer et cette
accélération dure jusqu'à 2 heures du matin ;
après quoi il se ralentit de nouveau pour s'accélérer encore à 5 ou 6 heures. De même on remarque
certaines variations dans le volume de la poitrine,
et aussi des mains, des pieds et du ventre ; après
un sommeil de deux heures, le volume de la poitrine était de 2/35 moindre que pendant la veille ;

l'amoindrissement était de 3/35 après quatre heures de sommeil et de 1/35 seulement après six heures, la poitrine s'étant de nouveau élargie. Le volume de la main, après deux heures de sommeil, avait diminué de 2/36, et après quatre heures de 3/36 ; tandis qu'après six heures de sommeil la diminution n'était plus que de 1/36. Les volumes du ventre et des pieds après six heures de sommeil étaient les mêmes qu'à l'état de veille ; ils étaient moindres après quatre heures. Ces variations pendant le sommeil restent jusqu'à présent insuffisamment étudiées ; mais en tout cas il convient d'en tenir compte.

Pendant le sommeil, les vaisseaux sanguins de la surface du corps s'élargissent plus ou moins, mais en même temps les vaisseaux du cerveau se contractent et le volume de cet organe diminue. On se demandera de quelle façon l'on a pu constater les changements qui s'opèrent dans le cerveau. Les savants se sont servis pour cela d'observations effectuées tant sur les hommes que sur les animaux. Puis les observations de ce genre ont été vérifiées par des expériences faites pendant le sommeil sur le volume du cerveau chez des sujets dont une plaie à la tête avait mis le cerveau à découvert. Toutes ces investigations ont démontré que le cerveau devenait plus pâle et se rétractait pendant que le sujet s'endormait, et au contraire prenait une teinte rose et se relevait plus ou moins

dans la plaie au moment du réveil. La dépression
du cerveau, au moment où le sujet observé s'endormait, a été mesurée par Krauss, qui l'a trouvée
égale à un millimètre. Dernièrement, Mosso a mis
à contribution des malades de cette sorte pour
suivre graphiquement les variations qui surviennent dans le volume du cerveau pendant le sommeil.

En appliquant la méthode graphique d'observation à l'étude des variations dans le volume du
cerveau, Mosso a constaté que ce volume s'amoindrit pendant le sommeil, mais qu'il s'accroît chaque
fois qu'un son, un bruit soudains, ou une lumière
inattendue vient troubler le repos. Cette augmentation de volume s'observait même lorsque le sujet
continuait de dormir.

Les mêmes résultats ont été obtenus par les
expériences faites sur des animaux (Durham, Hammond), à qui l'on enlevait, par la trépanation, un
morceau de l'os du crâne, pour le remplacer par
un verre de montre. Ces expériences ont démontré
positivement que, pendant un sommeil plus ou
moins normal et tranquille, le cerveau des animaux devient plus ou moins pâle, et en même
temps diminue de volume. Il pâlissait davantage
lorsque les animaux mangeaient avant de dormir.
Vizioli est arrivé aux mêmes constatations. Il a
étudié aussi l'état de la moelle épinière pendant
le sommeil, et il a trouvé que les vaisseaux de la

moelle épinière présentent de même une certaine contraction pendant cette période. Ayant en outre observé la pression sanguine dans les carotides pendant le sommeil, il a reconnu qu'elle diminuait toujours de 2 à 3 centimètres. Tarchanoff a, lui aussi, constaté cette même diminution et, ce qui est encore plus intéressant, il a démontré par des expériences directes, faites sur de jeunes chiens, que la moelle épinière ne dort pas, et que, dans les conditions normales de la vie, le cerveau seul connaît le sommeil.

*
* *

Après avoir étudié la respiration, la température du corps, la fonction du cœur, l'état du cerveau et de la moelle épinière chez l'homme endormi, nous sommes tout naturellement amenés à traiter la question suivante : Que se passe-t-il pendant le sommeil dans les autres organes de notre corps ?

La peau présente pendant le sommeil une transpiration plus ou moins énergique, laquelle peut s'expliquer en partie par la dilatation des vaisseaux sanguins de la peau et par leur injection plus considérable, en partie par l'influence du centre de la transpiration, qui est situé au milieu du bulbe (Adamckewietch, Marmé, Navrotzky) et qui est irrité par l'acide carbonique. Les observations de Santorini et Becker ont établi que notre

peau fonctionne plus énergiquement pendant la
nuit et le sommeil, et c'est justement là ce qui
explique en partie pourquoi l'air de nos chambres
à coucher se corrompt beaucoup plus vite que
celui des autres pièces où l'on vaque aux occupations quotidiennes de la veille. Il ne faut pas oublier que par la peau nous éliminons en moyenne
deux fois plus de vapeur que par la voie des poumons. Par suite de la transpiration active de la
peau pendant le sommeil, les hommes qui dorment
présentent une sensibilité plus accentuée, sont
plus sujets au refroidissement que pendant la
veille.

Quant aux organes internes de notre organisme,
ils doivent être, pendant le sommeil, dans un état
d'anémie plus ou moins prononcé, à cause même
de l'hypérémie de la surface de notre corps. Étant
anémiés, nos organes internes se trouvent aussi
dans un repos relatif, plus ou moins profond
selon le degré de l'anémie. Les observations de
Busch sur une malade qui avait une fistule de
l'estomac, ont démontré que les mouvements de
l'estomac et des intestins ou s'interrompaient, ou
s'affaiblissaient plus ou moins pendant le sommeil
nocturne ; tandis qu'au contraire ils se continuaient activement pendant les sommes que la
malade faisait au cours de la journée. Le même
phénomène d'affaiblissement ou d'arrêt temporaire
s'observe quelquefois aussi dans la fonction de

tous les autres organes sécréteurs, reins, glandes salivaires, etc. ; mais cela ne veut pas dire que tous ces organes doivent nécessairement se trouver dans un état d'inactivité plus ou moins grande chez l'homme endormi. Au contraire, la nature du sommeil ne se modifie en rien quand l'estomac et les intestins se trouvent en pleine activité, comme tout le monde peut s'en convaincre en observant, par exemple, les petits enfants, qui après avoir mangé s'endorment paisiblement. Chez nous, en Russie, le peuple mange volontiers après avoir fini sa tâche quotidienne et se couche aussitôt après. Bien plus, nous aurons l'occasion de reconnaître qu'un repas pris avant de se coucher peut être utile dans beaucoup de cas. Tous les faits de ce genre nous prouvent directement que les organes digestifs peuvent très bien rester en pleine activité pendant le sommeil. Ainsi la malade de Busch digérait parfaitement pendant qu'elle dormait au cours de la journée. Les observations et les expériences faites sur les animaux établissent aussi que la nourriture prise par l'animal avant de s'endormir s'assimile très bien pendant le sommeil, elle s'assimile beaucoup mieux que dans le cas où l'animal, après avoir mangé, est forcé de continuer à marcher ou à courir. De même, les reins peuvent fonctionner normalement pendant le sommeil (Durham), et quelquefois leur activité est même plus énergique pendant le sommeil que pendant la veille : ainsi, par exemple, Becker et Penzoldt, avec Fleischer, ont démontré, par des expériences directes, que pendant la nuit il est sécrété beaucoup plus d'urine que pendant le jour ; mais, dans d'autres circonstances, la fonction des reins s'arrête, à cause d'une activité intense de la peau.

En général, on peut considérer comme pleinement avéré le fait que, pendant le sommeil normal, est possible l'activité de tous les organes, à l'exception du système nerveux, et même cette unique exception n'est-elle pas constante, comme nous allons le voir tout de suite. L'opinion que le sommeil occasionne toujours un affaiblissement ou un arrêt de l'activité de tous les organes se fonde principalement sur les observations relatives aux animaux hibernants ; mais l'hibernation ne saurait être considérée comme l'une des formes du sommeil normal.

Nous avons vu que l'échange gazeux s'affaiblit pendant le sommeil, et comme tout échange gazeux s'effectue par l'intermédiaire du sang avec ses éléments corpusculaires, c'est-à-dire ses globules rouges, il est tout naturel de se demander ce qui se passe alors dans le sang ? Malheureusement, nous manquons jusqu'ici de faits scientifiques et précis qui nous permettent de répondre positivement à cette question ; mais nous trouvons quelques renseignements indirects dans les observations faites sur les modifications du sang, d'un côté chez des personnes qui avaient passé des nuits sans sommeil et chez des animaux expérimentalement privés de sommeil et, de l'autre, chez des animaux en état d'hibernation. Ainsi, par exemple, le docteur Keys a trouvé que le nombre des globules rouges du sang présente un amoindrissement considérable à la suite de nuits passées sans sommeil au chevet de personnes gravement malades. D'un autre côté, le docteur Byford a constaté que chaque nuit blanche accélère la circulation du sang, et voici comment il explique ce fait : Sous l'influence d'un sommeil insuffisant ou nul, le sang subit certains changements, perd en partie sa capacité de fixer l'oxygène, et ainsi appauvri de ses éléments, c'est-à-dire de ses globules rouges, devient insuffisant pour maintenir l'échange gazeux au degré qu'exige l'activité de tous les tissus et de tous les organes ; et c'est alors que la circulation du sang devient plus rapide, parce que la vitesse de la circulation peut, dans une certaine mesure, suppléer à l'appauvrissement du sang en globules rouges, dont le rôle se réduit à la distribution de l'oxygène par tout le corps.

Nous-même nous avons constaté chez les petits chiens privés expérimentalement de sommeil, un amoindrissement prononcé dans le nombre des globules rouges. Valentin a avancé que, chez les animaux dont l'hibernation se prolonge, on ne

trouvait plus trace des globules blancs du sang ;
mais ce phénomène peut dépendre, comme nous
le verrons par la suite, de l'immobilité qu'observent les animaux hibernants. D'autre part, Pettenkoffer et Voit ont démontré que pendant le sommeil nocturne on absorbe quelquefois plus
d'oxygène, et on élimine moins d'acide carbonique.
On pourrait donc supposer que, pendant le sommeil nocturne, il se produit une sanguification intense, ou, en d'autres termes, que le nombre des
globules rouges s'accroît par la formation de nouveaux éléments. En tout cas, cependant, ce sont
là de simples hypothèses, qui attendent encore une
vérification expérimentale et sévère ; et il nous faut,
en résumé, avouer que nous ne connaissons encore
rien de bien positif sur l'état du sang pendant le
sommeil.

*
* *

On se demande à présent : Que se passe-t-il pendant le sommeil dans le système nerveux central
et périphérique ? Certes, nous savons tous que les
animaux autant que les hommes tâchent toujours
de trouver pour dormir un coin bien tranquille,
bien à l'abri de tout bruit gênant, de toute lumière trop vive, etc., en un mot de toutes les
impressions du monde extérieur, lesquelles se
manifestent subjectivement par toute une série
de sensations. Ainsi, par exemple, en se couchant,

chacun de nous abaisse ses paupières sur ses yeux, cherche à prendre une position commode, qui nous évite la nécessité d'un effort musculaire. Même dans l'arrangement de nos lits se manifeste toujours une seule tendance, la recherche d'un seul et même but, — c'est-à-dire le désir d'éloigner tout ce qui pourrait produire une forte impression sur nos sens. Tous les faits de ce genre nous prouvent que nos différents organes sensoriels, que nos différents nerfs périphériques demeurent, pendant que nous dormons, complètement capables de fonctionner, d'entrer en activité, de recevoir et de transmettre les diverses impressions que notre système nerveux central transforme en sensations conscientes. Nous arrivons ainsi à la conclusion suivante : Tous nos organes sensoriels, tout notre système nerveux périphérique, conservent intégralement, pendant le sommeil, leur faculté d'agir ; et pour empêcher, pour arrêter leur activité au moment où l'on s'endort ou pendant le sommeil lui-même, nous nous voyons forcés d'employer des moyens artificiels, c'est-à-dire de prévenir, d'écarter toutes les irritations, toutes les impressions venant du dehors. C'est là une conclusion tirée des observations de la vie ordinaire. Quant à la science, que dit-elle ? En étudiant la littérature, nous rencontrons de prime abord sur ce point des opinions contradictoires : les uns assurent que la sensibilité devient plus intense le soir et pendant que l'on dort

(Moreau, Natan, Fodéré, Macario, etc.) ; les autres, au contraire, soutiennent que la sensibilité s'émousse pendant cette période (Burdach, Lemoine, Lotze, etc.) ; mais si nous analysons les exemples qui sont donnés par les uns et les autres, nous reconnaîtrons que tous ceux qui parlent de l'émoussement de la sensibilité pendant le sommeil, ont en vue, non pas la sensibilité elle-même, mais les sensations conscientes, par exemple les sensations de douleur ; tandis que les autres ont en vue les actes réflexes. Cependant on ne saurait aucunement identifier la capacité fonctionnelle des appareils nerveux avec l'activité consciente, car la conscience peut s'interrompre sans arrêter la fonction des nerfs du toucher, des nerfs thermiques et des autres nerfs sensibles.

Pour la question qui nous occupe en ce moment, un travail expérimental du prince Tarchanoff présente un intérêt tout spécial. Cet observateur a fait des expériences avec de jeunes chiens qui, justement à cause de leur âge, s'endorment facilement et nous donnent ainsi la possibilité d'observer le sommeil normal. Le professeur Tarchanoff examinait l'état de l'écorce des hémisphères cérébraux, l'état des différents nerfs sensibles et aussi de la moelle épinière pendant le sommeil. Les expériences de cet observateur ont positivement démontré que la surface du cerveau pâlit quand les animaux s'endorment ; qu'en même temps l'écorce du cerveau cesse de réagir contre les excitations électriques, qui, pendant l'état de veille, donnaient toujours une réaction bien marquée dans certains groupes musculaires ; enfin, que la moelle épinière et les différents nerfs sensibles ne sont pas endormis, et que les sensations de douleur sont émoussées pendant le sommeil, mais seulement en tant que sensations conscientes. Les nerfs transmettent les impressions douloureuses, mais la conscience de l'animal endormi ne les perçoit pas ou elle les perçoit faiblement et incomplètement.

Nous devons de même mentionner ici les observations d'un autre savant russe, c'est-à-dire du professeur Wedensky, qui ont démontré que les nerfs en général peuvent fonctionner pendant un temps indéfini, parce qu'ils ne se fatiguent pas.

Plus haut, nous avons déjà noté le fait que chaque irritation, chaque impression qui tombe sur le corps d'un homme endormi, provoque un changement dans le volume du cerveau, et il est aisé de comprendre que ce phénomène ne se produirait pas si les nerfs sensibles étaient endormis, c'est-à-dire s'ils n'étaient pas en pleine activité. Il ne faut pas oublier que ces changements dans le volume du cerveau s'observaient sous l'influence des irritations les plus diverses : impressions de l'ouïe, impressions lumineuses et tactiles; par conséquent, tous les nerfs sensibles que nous avons énumérés tout à l'heure étaient aptes à remplir leur fonction habituelle, c'est-à-dire qu'ils pouvaient recevoir les irritations ou les impressions et les transmettre aux appareils centraux situés dans le cerveau.

Il est donc évident que la moelle épinière et les différents nerfs sensibles, avec les centres cérébraux correspondants, ne sont pas endormis pendant le sommeil.

*
* *

Il nous reste encore à examiner la question suivante : Dans quel état se trouvent pendant le sommeil les nerfs moteurs et les muscles volontaires étroitement liés avec ces nerfs? Chez les auteurs qui ont écrit sur le sommeil (Dépine, Moreau, etc.), on rencontre assez souvent l'opinion qu'au nombre de ses phénomènes essentiels figure l'arrêt complet de tous les mouvements volontaires, ou, pour employer une autre expression, que le système musculaire aussi bien que les nerfs moteurs sont endormis pendant le sommeil. Cette opinion est-elle fondée? En nous appuyant sur les observations tirées de la vie quotidienne, nous pouvons conclure qu'elle est erronée. Chacun de nous sait, en effet, qu'un homme qui dort change sa position chaque fois qu'elle devient gênante et fatigante, et prend sans s'éveiller une autre position plus commode et plus aisée. De même, il est reconnu que les dormeurs exécutent avec leurs mains des mouvements tout à fait rationnels lorsqu'ils sont, par exemple, importunés par une mouche qui court sur leur visage, ou qu'ils ramènent leur couverture dérangée, etc. D'un autre côté, les observations de Tarchanoff sur les actes réflexes pendant le sommeil ont prouvé directement que les nerfs moteurs et les muscles volontaires conservent pendant le sommeil leur pleine activité.

Après tout ce qui a été dit, nous avons le droit de soutenir que les nerfs moteurs, ainsi que les muscles volontaires, ne sont pas endormis pendant le sommeil et, par conséquent, nous arrivons, en somme, à la conclusion suivante : Pendant notre sommeil, tous nos organes et tous les tissus de notre corps demeurent dans l'état de veille, c'est-à-dire conservent leur capacité de fonctionner d'une façon naturelle, pourvu que nous n'usions pas de moyens artificiels pour les empêcher d'agir, comme, par exemple, nous faisons pour l'estomac, en le laissant vide pour la nuit, ou pour les muscles volontaires, dont nous éloignons tout ce qui pourrait éveiller leur activité. Berner a fait, sur des personnes qui se trouvaient dans un profond sommeil, l'expérience suivante : Il leur masquait la figure avec une lourde couverture ; les dormeurs ne s'éveillaient pas, mais ils rejetaient toujours la couverture qui les empêchait de respirer librement. D'un autre côté, on sait que certains oiseaux dorment debout sur une patte ; donc, un certain groupe musculaire

travaille chez eux sans interruption pendant tout
le temps du sommeil. Jadis, quand il n'y avait pas
encore les chemins de fer, les postillons étaient
forcés de porter toutes les lettres à cheval, et alors
il leur arrivait bien souvent de dormir chemin
faisant. De même, on a vu des soldats surmenés
s'endormir en faction ou pendant une marche
forcée. Dans des cas pareils, les soldats continuaient à faire tous les mouvements nécessaires.
ils marchaient d'un pas régulier, ils tenaient leurs
fusils, etc., le tout sans cesser de dormir. Un dernier argument nous est fourni par les différents cas
du somnambulisme, pendant lequel des personnes,
profondément endormies, exécutent des actes
musculaires des plus complexes et souvent même
risqués, grimpant sur les toits les plus inclinés et
accomplissant en général des prodiges d'équilibre.

Comme résultat final de notre analyse, nous arrivons donc à la conclusion que, pendant le sommeil, le cerveau seul est endormi de tout notre
organisme ; mais comme il est constitué par une
grande quantité de différents appareils et de différents centres, qui servent aux buts les plus variés,
il est tout naturel de se demander si c'est le cerveau tout entier qui est endormi, ou seulement
quelque partie de lui plus ou moins définie. Après
ce que nous avons dit des mouvements musculaires
volontaires produits pendant un profond sommeil, nous sommes naturellement obligés de con-

clure que les centres du cerveau sous l'impulsion desquels s'accomplissent ces mouvements volontaires, — comme, par exemple, la marche des soldats endormis, ou le travail musculaire nécessaire pour tenir le fusil dans une certaine position, ou la promenade du factionnaire dans un sens et un rayon donnés, — ne pourraient pas fonctionner s'ils étaient endormis au moment où ces mouvements étaient exécutés par les dormeurs. De la même façon, les différentes excitations tactiles ou thermiques ont donné, dans les expériences de Tarchanoff, des mouvements réflexes, qui se distinguaient des mouvements analogues obtenus dans la partie exclusivement spinale de l'animal, c'est-à-dire dans la moitié du corps qui se trouvait en arrière de la section de la moelle épinière et qui était par conséquent séparée complètement du cerveau. Cette différence nous donne le droit de conclure que les centres du cerveau ont participé à la formation des mouvements réflexes dans la partie antérieure du corps d'un jeune chien endormi. Nous savons aussi que les différentes excitations de l'ouïe, de l'odorat et du goût, de même que les impressions lumineuses, peuvent occasionner chez les dormeurs toute une série de mouvements réflexes, sans amener le réveil, sauf le cas où elles atteignent une telle énergie qu'elles forcent le seuil de la conscience (Herbert, Fechner) : alors le dormeur se réveille avec la conscience qu'on l'a réveillé.

C'est ainsi que nous arrivons à constater que, pendant le sommeil, non seulement les nerfs optiques, auditifs, les nerfs de l'odorat et du goût se trouvent dans un état de veille et d'activité, mais aussi ceux des centres du cerveau qui correspondent à ces nerfs.

La justesse de cette conclusion est démontrée d'un autre côté par les songes, parce que si les susdits appareils et centres nerveux étaient endormis et par suite inactifs, nous n'aurions pas dans nos songes des sensations et des représentations visuelles, auditives, des sensations et des représentations appartenant aux sens de l'odorat, du goût et du toucher, au sens musculaire et au sens général ; en un mot, toutes les sensations et toutes les images des songes ne sont possibles qu'à une seule condition : c'est que les appareils et les centres correspondants du système nerveux se trouvent dans un état d'activité, c'est-à-dire dans un état de veille complète. C'est justement parce que les différentes voies nerveuses et les centres cérébraux correspondants se trouvent pendant le sommeil dans un état de veille, c'est-à-dire d'activité, que le réveil d'un homme endormi est possible à chaque instant voulu.

A ce point de vue, les expériences du professeur Mosso présentent beaucoup d'intérêt. Cet observateur a remarqué que tout bruit inattendu, tout attouchement, en un mot toute excitation exté-

rieure qui affecte le dormeur occasionne aussitôt
un changement dans le volume du cerveau, c'est-
à-dire que les vaisseaux du cerveau reçoivent,
dans ces conditions, un afflux plus considérable
de sang, et cette hypérémie temporaire du cerveau
s'observe même dans les cas où les impressions
qui la provoquent sont trop faibles pour éveiller
le dormeur. Grâce à ce que les voies nerveuses et
les centres cérébraux correspondants conservent
leur activité pendant le sommeil, on a pu mesurer
la profondeur du sommeil; car toutes les méthodes employées à cet effet reposent précisément
sur la supposition que les nerfs et les centres ne
dorment pas. Le principe de toutes ces méthodes
se réduit à trouver quelle intensité doit offrir l'impression ou l'excitation pendant les différentes
périodes du sommeil normal pour éveiller l'homme
endormi, ou, en d'autres termes, pour forcer le
seuil de sa conscience, ce qui aboutit naturellement à le réveiller. On a trouvé que ce qui se prêtait le mieux aux mesures de ce genre, c'étaient
les sons obtenus en laissant tomber un corps métallique d'une hauteur plus ou moins grande sur
une surface métallique. Kohlschütter, Meninhoff
et Pisbergen ont ainsi mesuré la profondeur du
sommeil normal et ils ont trouvé que cette profondeur devient de plus en plus considérable pendant
la première et la seconde heure, après quoi elle
commence à s'affaiblir d'une manière prononcée;

puis elle s'accentue de nouveau, et après avoir
atteint un certain niveau, elle s'y maintient plus
ou moins. Chaque réveil du dormeur a pour effet
d'augmenter à nouveau l'intensité du sommeil, et
le même effet s'observe aussi lorsque l'affaiblissement prononcé du sommeil ne va pas jusqu'au
réveil définitif. Ces expériences nous démontrent
que les deux ou trois premières heures du sommeil
sont les plus importantes, car c'est pendant ces
heures-là que le sommeil atteint son point culminant, et, par conséquent, le réveil doit être alors
particulièrement nuisible, en interrrompant subitement tous ces processus de rétablissement et de
nutrition plastique, tous ces processus de sanguification qui s'accomplissent surtout, sinon exclusivement, pendant le sommeil.

* *

Ainsi tout nous amène à la conclusion nécessaire
que pendant le sommeil rien ne dort en nous à
l'exception du cerveau; et ce n'est même pas le
cerveau tout entier qui s'endort, comme nous
venons de l'établir, mais seulement quelques-uns de
ses éléments. Il reste à se demander qu'est-ce qui
dort dans le cerveau? Nous avons vu que le dormeur peut être accessible aux sensations de l'ouïe,
de l'odorat, du toucher et à toutes les autres sensations et représentations, quoiqu'il n'en ait pas la

pleine conscience et qu'il ne se réveille pas; mais le volume de son cerveau s'agrandit toujours, les vaisseaux du cerveau se remplissent d'une quantité plus considérable de sang, comme on l'a observé plusieurs fois sur des malades qui avaient une ouverture dans le crâne et chez lesquels le cerveau se tuméfiait quelquefois, pendant certains songes, jusqu'à saillir hors des bords de la plaie, plus même qu'à l'état de veille (Blumenbach).

Il est généralement reconnu que certains sujets parlent pendant le sommeil : les organes de la parole doivent donc être dans un état compatible avec leur activité. D'un autre côté, la science médicale a plus d'une fois décrit le cas de personnes endormies profondément, qu'on s'efforçait de réveiller, mais sans autre résultat que de leur faire dire : « Laissez-moi tranquille », et qui retombaient ensuite dans leur sommeil de mort. Après un laps de temps plus ou moins long, le dormeur s'éveillait de lui-même, et l'on constatait qu'il ne se rappelait rien, ni sa prière de le laisser tranquille, ni les efforts qu'on avait faits pour le réveiller (Dépine). Cleghorn cite l'observation suivante : Un homme très fatigué se réveille, prend part à un souper de ses camarades, chante avec eux quelques chansons ; puis il se recouche, et le matin au réveil il ne se rappelle plus rien. Abercrombie nous raconte un fait plus intéressant encore : Un homme de loi, épuisé par une longue séance de la cour, va avec ses amis souper dans un restaurant. On cause, on boit, on pérore, puis on se disperse, chacun rentre chez soi, et notre homme de loi comme les autres. Il se couche, et le jour suivant, au réveil. il ne se souvient de rien, il est convaincu qu'il est rentré de la cour de justice directement chez lui.

Comment s'expliquer les cas de ce genre? Par l'affaiblissement, par le sommeil de la mémoire? Oui, mais dans notre mémoire il faut distinguer deux éléments, c'est-à-dire, d'un côté la mémoire propre à chaque tissu, à chaque cellule de notre corps, et de l'autre la mémoire consciente. Or, dans les cas que nous avons cités, c'est justement la mémoire consciente qui était affaiblie; ou, en d'autres termes, la conscience elle-même, car la mémoire consciente n'est autre chose que la constance des traces qui ont été imprimées dans notre conscience par des sensations, par des représentations différentes, etc.

Quelques auteurs ont aussi affirmé que, pendant le sommeil, notre attention et notre volonté sont endormies; mais si c'était vrai, nous n'aurions pas la possibilité de nous réveiller à heure fixe ou au bruit d'un son déterminé, même le plus faible. Plusieurs d'entre nous ont eu l'occasion de reconnaître qu'on peut en s'endormant se donner, pour ainsi dire, l'ordre de se réveiller à telle ou telle heure et que cet ordre s'accomplit, on se réveille au moment fixé d'avance. Cette faculté nous est surtout utile dans les cas où nous avons à soigner un malade gravement atteint, pour la vie duquel nous tremblons, parce qu'alors nous pouvons très bien donner la médecine aux moments fixés par le médecin, c'est-à-dire toutes les heures ou toutes les deux heures, même pendant la nuit, et en même temps nous réserver le sommeil nécessaire pour la conservation de nos forces. Broussais rapporte qu'un M. Chevalier possédait cette faculté à un degré très développé : on pouvait le réveiller à n'importe quel moment de la nuit et lui demander quelle heure il était ; il répondait à la question sans même jeter un regard sur sa montre. Jamais il ne se trompait dans ses réponses, de sorte qu'en dormant il devait avoir l'exacte notion du temps écoulé. Il est encore plus intéressant d'observer une mère aimant tendrement son enfant : elle se réveille au plus léger mouvement de son petit, tandis que des bruits bien plus forts ne la tirent point de son sommeil.

Tous les faits de ce genre ne sont possibles qu'à une seule condition : c'est que l'attention du dormeur reste, pendant le sommeil, concentrée sur de certains sons ou sur un groupe de représentations déterminées, ce qui suppose un acte de volonté ; et il est évident que, dans ces conditions, l'attention et la volonté du dormeur doivent conserver leur activité pendant toute la durée du sommeil.

A quel degré d'intensité peut se maintenir notre attention pendant le sommeil, les cas suivants le démontrent : En se couchant, un homme se rappelle qu'il doit se lever le lendemain à huit heures, et en même temps il oublie tout à fait que sa montre, par erreur, avance d'une demi-heure. Au milieu de la nuit, il se réveille et en regardant sa montre il se rappelle qu'elle marque et sonne une demi-heure en avance, et que par conséquent il doit s'éveiller, non pas quand elle sonnera huit heures, mais une demi-heure plus tard, quand l'aiguille des heures se trouvera sur 8 heures et demie. Après quoi il s'endort d'un sommeil profond, qui dure jusqu'à ce qu'il se sente agité par quelque chose d'inconnu. Il se réveille en sursaut, avec la peur de s'être réveillé trop tard ; mais en regardant sa montre, il reconnaît qu'elle marque précisément 8 heures et demie. Ainsi, malgré un sommeil profond, l'attention et la volonté du dormeur ont pu non seulement suivre le cours du temps, mais encore corriger l'erreur de la montre en avance d'une demi-heure ; et ce fait est d'autant plus remarquable que l'homme a continué à dormir pendant que la montre sonnait fortement les 8 heures, et s'est réveillé quand l'aiguille s'est silencieusement arrêtée sur la demie, parce qu'il savait que sa montre avançait d'une demi-heure, et qu'il lui fallait par conséquent se lever au moment où elle marquerait 8 heures et demie.

En outre, la volonté et l'attention se montrent souvent tout aussi actives dans les songes ; mais de cette question nous aurons à reparler plus loin ; nous voulons seulement mentionner ici un fait bien établi par la science (Jouffroy), à savoir que les personnes d'un caractère faible ne peuvent pas à volonté se réveiller à un moment fixé d'avance. Il est hors de doute, cependant, que la force du caractère est proportionnelle au développement de la conscience.

En un mot, nous arrivons à la conclusion que, pendant le sommeil, la conscience seule est interrompue chez l'homme, tandis que toutes les autres fonctions se continuent avec une énergie plus ou moins considérable.

*
* *

En analysant la psychologie du sommeil, nous verrons que les songes mettent très souvent en jeu différents sentiments, différentes passions dans l'âme de l'homme endormi, qu'ils provoquent souvent en lui l'exercice des facultés les plus variées de notre âme. On s'explique donc cette diversité d'opinions qu'on rencontre chez les divers auteurs en ce qui touche, par exemple, la position des axes visuels et l'état des pupilles pendant le sommeil, car il est reconnu que les pupilles se modifient sous l'influence des différents sentiments ; c'est ainsi qu'elles se dilatent sous l'influence de la peur ; il n'est donc pas étonnant que l'on trouve chez une personne endormie certaines variations dans la lar-

geur des pupilles et dans la position des axes visuels :
ces variations peuvent en effet être dues à l'influence
des différents sentiments et des différentes représentations que le dormeur éprouve pendant les
songes qui visitent son sommeil. On peut aujour-
d'hui considérer comme établi qu'au moment où
une personne s'endort, les axes de ses yeux sont
divergents (Leconte) ou bien prennent une position
parallèle, et qu'en même temps les pupilles se dilatent, comme pour la vue lointaine, ce que nous
avons observé personnellement sur des petits
enfants. Il y a une certaine relation entre cette
dernière remarque et le fait bien connu que le
soir, quand un homme sent le besoin de dormir,
ses pupilles sont la plupart du temps élargies.
Pendant un sommeil profond, les axes des yeux
sont convergents et dirigés en haut, tandis que les
pupilles sont rétrécies (J. Müller, Rehlmann et
Witkowsky).

Ayant abordé la question de l'état des yeux, nous
devons aussi mentionner les discussions qui se sont
élevées entre quelques auteurs au sujet de la véritable cause qui nous fait baisser les paupières au
moment de nous endormir. Bichat a essayé de prouver qu'elles s'abaissent à cause du relâchement des
muscles, c'est-à-dire à cause d'une paralysie temporaire, pour ainsi dire. Cette opinion a été combattue
par Stocks, qui suppose que les paupières se
ferment parce que leurs muscles ont la même fa-

culté que les muscles des sphincters, c'est-à-dire peuvent se contracter indépendamment de la volonté.

Quant à nous, il nous paraît plus simple et plus naturel d'admettre que les hommes comme les animaux ferment volontairement les yeux parce qu'ils doivent garantir leurs appareils visuels autant que possible contre toutes les irritations venant du dehors. Cette précaution est nécessaire, parce que les appareils de la vue ne s'endorment pas, et pour les réduire à l'inactivité, il faut faire usage de mesures artificielles et spéciales. La vraisemblance de notre explication est encore confirmée par le fait que les personnes gravement malades et presque agonisantes dorment toujours avec les yeux à demi ouverts ou même tout à fait ouverts. A cause de quoi? Mais justement à cause de l'affaiblissement survenu dans la réceptivité, l'impressionnabilité des nerfs optiques, ce qui rend le sommeil possible même avec les yeux grands ouverts. Il est aisé de comprendre qu'un pareil sommeil présage souvent l'approche de la mort; en tout cas il dénote toujours un danger imminent.

*
* *

Après avoir ainsi étudié les changements qui s'accomplissent dans l'organisme pendant le sommeil, nous devons maintenant nous arrêter quelque peu sur les différentes théories du sommeil.

Avant tout nous rencontrons dans la science les théories localisantes, celles qui expliquent le sommeil par le fonctionnement de tel ou tel organe, de tel ou tel tissu. Ainsi, par exemple, certains auteurs regardaient la glande thyroïde comme l'organe du sommeil (Forneris), et ils émettaient l'opinion que chaque soir notre cou s'élargit à cause de la tuméfaction de la glande thyroïde où le sang refluant du cerveau vient s'accumuler ; et c'était justement cette stase du sang dans la glande thyroïde qui constituait, d'après ces auteurs, la cause directe de cet état particulier que nous nommons le sommeil (Forneris). Cette théorie est erronée, et son erreur est démontrée par le fait que les personnes opérées de la glande thyroïde ne souffrent pas de l'insomnie (Kocher), ce qui arriverait si la théorie était juste ; bien plus, on a remarqué que les sujets privés de la glande thyroïde se caractérisent par une tendance accentuée au sommeil, de sorte qu'ils dorment beaucoup plus qu'un sujet normal, et sommeillent presque continuellement. Le même phénomène a été remarqué sur les gens atteints d'une atrophie de la glande thyroïde.

Une autre théorie localisante place l'organe du sommeil dans le plexus arachnoïdal, lequel se tuméfie pendant le sommeil, remplit complètement les cavités des ventricules cérébraux, interrompant ainsi toute communication entre le cerveau et le corps en général.

Pour prouver la vérité de cette théorie, son auteur — Osborne — a décrit trois cas d'insomnie obstinée. A l'autopsie de ces trois malades, on a trouvé le plexus arachnoïdal tout à fait changé et rempli de vésicules.

En ce qui concerne cette théorie, nous pouvons remarquer seulement qu'elle est contredite par toutes les observations, qui prouvent que le sommeil est toujours accompagné d'un amoindrissement dans le volume du cerveau et de son anémie.

Au nombre des théories localisantes du sommeil figure aussi la théorie émise par Purkinje ; il supposait que les ganglions de la base du cerveau compriment, à cause d'un afflux de sang plus considérable que d'ordinaire, les faisceaux de la *corona radiata* et interrompent ainsi la communication de notre cerveau avec le monde extérieur. Exner, en attaquant cette théorie, a remarqué que si elle était juste, notre conscience devrait rester sans changement quant au nombre de ses représentations, tandis que pendant le sommeil on n'observe rien de pareil.

La théorie vasomotrice du sommeil jouit d'une vogue beaucoup plus grande. Elle a trouvé un fondement solide dans les travaux de Durham, Hammond, Vizioli, Tarchanoff et d'autres observateurs : ils ont démontré la production de l'anémie du cerveau pendant le sommeil, et élevé des objections contre l'opinion, admise jusqu'alors, et d'après laquelle le sommeil n'était possible qu'à la condition d'une stase veineuse dans le cerveau (Cappie, Langlet, Blumröderer, etc.). Durham a fait la trépanation du crâne d'un chien dans la région du sinciput, et à la place du morceau de l'os enlevé il mettait un verre de montre, qui protégeait le cerveau contre l'influence de l'air, et par lequel l'observateur pouvait étudier tous les changements qui s'opéraient dans le cerveau pendant le sommeil. Malheureusement Durham ainsi que Mosso et les autres observateurs qui l'ont suivi dans la même voie effectuaient leurs expériences non pas sur le sommeil normal et naturel, mais sur des animaux endormis artificiellement au moyen du chloroforme, du morphium ou du chloral-hydrate. Durham, cependant, attendait le moment où la narcotisation se dissipait pour faire place à un sommeil paisible et naturel En tout cas, les expériences de la plupart de ces observateurs ne peuvent pas être considérées comme démonstratives, et si nous n'avions pas les expériences du professeur Tarchanoff, nous n'aurions jamais pu leur attribuer une signification sérieuse et concluante. Les expériences de Tarchanoff ont été pratiquées sur de tout jeunes chiens, qui s'endorment très vite et très facilement, de sorte que l'observateur n'a aucun besoin de recourir aux moyens artificiels pour les endormir et en même temps il a la possibilité d'examiner les changements du cerveau pendant un sommeil tout à fait normal et naturel.

Durham a démontré que, pendant le sommeil, le cerveau devient anémique ; il a essayé en outre de pratiquer une ligature sur les veines jugulaires et d'occasionner ainsi une stase veineuse dans le cerveau. Il s'est convaincu alors que le cerveau présente dans ces conditions un tout autre tableau que pendant le sommeil normal. Il a ensuite eu l'idée de produire artificiellement l'anémie du cerveau à l'aide d'une ligature des artères carotides, et comme résultat il a constaté un état du cerveau tout à fait analogue à ce qu'il a observé sur les animaux pendant leur sommeil. Fleming effectuait des expériences sur lui-même et sur ses amis en comprimant les artères carotides dans la région du cou pendant trente secondes, et il obtenait un état d'inconscience et un sommeil qui se caractérisait par une richesse toute exceptionnelle de songes. La compression des carotides devait être assez forte pour faire disparaître toutes les pulsations des artères carotides, car autrement le résultat cherché ne se produisait pas. Il a essayé aussi de comprimer non seulement les

carotides du cou, mais aussi les veines jugulaires ;
et alors le visage des sujets soumis à l'expérience
rougissait et ils ne s'endormaient que difficilement
et lentement, et encore le sommeil n'était-il jamais aussi profond que sous l'influence de la
compression des carotides seules. Tous ces faits
ne prouvent qu'une seule et même chose : l'anémie du cerveau pendant le sommeil.

D'un autre côté, Hilton a trouvé que dans les
cas où la base du crâne est cassée, on n'a qu'à
comprimer les veines jugulaires pour voir sortir le
liquide cérébro-spinal par l'oreille. En même
temps tout chirurgien sait que, chez les sujets
qui ont la base du crâne cassée, le liquide cérébro-
spinal s'écoule de l'oreille seulement pendant
l'état de veille ; pendant le sommeil du malade
cet écoulement s'affaiblit plus ou moins ou même
s'arrête tout à fait, pour ne recommencer qu'au
moment du réveil.

Ces faits-là prouvent d'une manière indirecte
que le sommeil s'accompagne non pas d'une stase
veineuse, mais au contraire d'une contraction des
vaisseaux sanguins, c'est-à-dire d'une anémie du
cerveau.

Nous possédons en outre des preuves directes
de l'anémie du cerveau pendant le sommeil. Elles
nous sont données par les expériences du prince
Tarchanoff, que nous avons déjà mentionnées
plus haut. Cet observateur habile a étudié directe-

ment les changements qu'apporte un sommeil naturel dans l'état du cerveau chez de tout jeunes chiens et il s'est convaincu que le sommeil normal est toujours accompagné d'un phénomène constant, c'est-à-dire de l'anémie cérébrale. Chaque fois que le petit chien s'endormait, son cerveau pâlissait d'une façon bien prononcée. Les chiens tout jeunes s'endorment facilement quand on les tient dans une position horizontale ; mais, d'après les observations de Tarchanoff, ils s'endorment encore plus aisément si on les tient dans une position verticale avec la tête en haut et, au contraire, ils ne s'endorment pas, si on les tient la tête en bas. Il est évident que l'absence du sommeil, quand les animaux se trouvaient dans la position verticale avec la tête en bas, s'expliquait par la stase du sang dans les vaisseaux sanguins du cerveau, tandis que la plus grande facilité du sommeil dans les conditions opposées, c'est-à-dire, quand la tête des jeunes chiens était relevée en haut, était une conséquence directe du reflux du sang de la tête, c'est-à-dire de l'anémie cérébrale.

Ainsi nous voyons que la théorie vasomotrice du sommeil démontre que, pendant le sommeil, les vaisseaux du cerveau se contractent et contiennent par conséquent une quantité moindre de sang.

Durham dit qu'il faut distinguer dans le cerveau

deux sortes de circulation sanguine, c'est-à-dire une circulation d'activité et une circulation de nutrition. Pendant la période de la circulation d'activité, le sang afflue avec force au cerveau et dilate mécaniquement les vaisseaux capillaires, qui avant ne laissaient passer, à cause de leur étroitesse, que le sérum et qui, dès lors, s'ouvrent aussi aux globules rouges du sang, ces véhicules de l'oxygène. La vitesse avec laquelle le sang circule dans les vaisseaux pendant l'activité du cerveau, non seulement provoque un afflux plus riche d'oxygène, mais encore est très propice, d'après Durham, à l'endosmose, c'est-à-dire à l'entrée dans les vaisseaux des différentes substances contenues dans les tissus, tandis que le mouvement opposé de l'exosmose s'affaiblit, et par ainsi tous les produits d'une activité intense et d'une oxydation augmentée sont bien vite emportés du cerveau par le courant sanguin.

Durham a pratiqué des expériences sur l'intestin d'un lapin, et reconnu qu'un rapide mouvement du liquide qu'on faisait circuler dans ce tube intestinal accélérait l'endosmose et au contraire ralentissait l'exosmose ; et, *vice versá*, une circulation lente favorisait l'exosmose et gênait l'endosmose.

Pendant la circulation de nutrition, les vaisseaux sanguins se contractent; les capillaires ne laissent plus passer les globules rouges du sang, toute la circulation se ralentit, — toutes conditions particulièrement favorables à l'endosmose et par conséquent à la nutrition plastique des tissus cérébraux. D'après l'opinion de Durham, une pareille circulation de nutrition s'opère justement pendant le sommeil. Kohlschütter émet la même opinion, et il compare la circulation active cérébrale à ce qui se passe dans les glandes pendant leur activité (Claude Bernard).

En parlant de la théorie vasomotrice du sommeil, nous devons mentionner l'hypothèse formulée par Girondeau. Le point de départ en est la découverte, par les professeurs Boll et Robin, des espaces lymphatiques tout autour des vaisseaux cérébraux. M. Girondeau suppose que ces espaces lymphatiques se remplissent pendant le sommeil d'une quantité abondante de lymphe, ce qui comprime les vaisseaux sanguins, ralentit la circulation et finalement amène le sommeil. Dans ces espaces ou gaines lymphatiques, le professeur Boll a constamment trouvé une quantité plus ou moins abondante de globules blancs du sang; et si nous faisons attention au fait qui a été découvert par le professeur Tarchanoff, à savoir que, pendant l'immobilité des animaux (dans l'empoisonnement par le curare), tous les globules blancs du sang s'accumulent dans les voies et les espaces lymphatiques, nous commençons à comprendre pourquoi, dans les cas d'hibernation prolongée, le

sang des animaux apparaît complètement privé
de ses globules blancs. Il est évident que, dans ces
conditions, il se produit les mêmes phénomènes
que chez les animaux immobilisés par le curare ;
c'est-à-dire que chez les animaux immobilisés par
une hibernation prolongée, les globules blancs du
sang s'accumulent, d'après toute probabilité, dans
les espaces et les voies lymphatiques. Il est
très vraisemblable qu'une telle accumulation de
lymphe dans les espaces lymphatiques entourant
les vaisseaux cérébraux doit avoir une signification particulière pour la nutrition et la reproduction plastique des tissus ; mais la question ne
pourra être complètement éclairée que par des
recherches ultérieures.

Côte à côte avec ces théories vasomotrices du
sommeil ont surgi les théories chimiques. Ainsi,
par exemple, Sommer a essayé de prouver que le
sommeil est causé par l'appauvrissement du cerveau en oxygène, et qu'il apparaît dès que la quantité d'oxygène en réserve dans les tissus et le sang
est épuisée. Il rattachait sa théorie au fait découvert par Pettenkoffer et Voit : que l'absorption
d'oxygène pendant la nuit se montrait plus considérable que pendant le jour, et qu'en outre la
nourriture albumineuse l'exagérait encore. Heyn-

sius, de son côté, a démontré que, pendant le sommeil, l'absorption est plus forte qu'à l'état de veille, mais que l'accumulation des substances albumineuses en réserve est ralentie, et il explique ce fait par la faculté qu'ont les acides de ralentir la diffusion ou l'exosmose des corps albumineux, car il est reconnu que toute fatigue provoque dans le corps une accumulation de l'acide lactique et des autres produits d'une métamorphose régressive. Heynsius a également établi que les alcalis ont, au contraire, la faculté d'accélérer la diffusion ou l'exosmose des corps albumineux.

Dès lors qu'on supposait aux acides un certain rôle dans la production du sommeil, il était tout naturel d'essayer l'acide lactique comme moyen soporifique. Malheureusement, les expériences faites dans cette direction ont donné des résultats contradictoires (Preyer, Fisher, L. Meyer, etc.). D'autres auteurs, et surtout le professeur Pflüger, ont consacré toute leur attention à l'acide carbonique et à son rôle pendant le sommeil. Le professeur Pflüger réduit toute l'activité de nos organes et surtout du cerveau à la dissociation des molécules de la matière vivante, qui s'effectue par le moyen de l'oxygène intramoléculaire, et il démontre que cette activité doit nécessairement s'interrompre, quand tout l'oxygène intramoléculaire est dépensé pour la formation de l'acide carbonique. Le professeur Binz a établi de son côté que tous les moyens soporifiques (acide lactique, morphium, chloroforme), montrent une grande affinité pour l'écorce cérébrale ; c'est à cause de cette affinité que l'écorce du cerveau fixe pour un certain temps les substances soporifiques apportées par le sang : en les fixant, elle devient incapable de ces processus de dissociation que nécessite l'activité de certains appareils cérébraux sans la fonction desquels il n'y a pas de veille.

Dans ces derniers temps, enfin, on a essayé d'expliquer le sommeil par l'accumulation dans le corps animal de certaines leucomaïnes.

*
* *

Les principales théories du sommeil, à la seule exception des théories localisantes — c'est-à-dire de celles qui supposent l'existence d'un organe spécial — ont un défaut commun : toutes négligent ses causes fondamentales et directes, comme l'a déjà remarqué Wundt. L'anémie du cerveau peut s'observer chez l'homme endormi, autant que l'appauvrissement de l'organisme en oxygène intramoléculaire : mais, en tout cas, ces phénomènes ne constituent pas la cause directe du sommeil, parce que, premièrement, l'anémie du cerveau et l'amoindrissement de son volume *apparaissent toujours après que l'acte de s'endormir s'est déjà accompli,* — jamais avant : donc, s'ils accompagnent et suivent cet acte, ils n'en sont nullement la cause primitive ; secondement, dans la théorie de Pflüger, le sommeil devrait investir simultanément l'organisme entier, tous ses tissus, tous ses organes et tout le système nerveux central ; cependant nous avons vu, plus haut, qu'actuellement on n'observe rien de pareil ; nous avons vu que la moelle épinière et les différents nerfs ne s'endorment pas, et, en outre, que beaucoup des parties du cerveau se trouvent, pendant le plus profond sommeil, dans un état d'activité plus ou moins grande.

La nécessité de distinguer les phénomènes essentiels du sommeil de ses phénomènes secondaires a été aussi démontrée par Wundt. Quant aux théories chimiques qui expliquent l'apparition du sommeil par l'accumulation dans l'organisme des différents produits de la fatigue ou de la métamorphose régressive, nous les trouvons encore moins satisfaisantes, parce que chacun de nous sait que le sommeil peut survenir malgré l'absence de toute fatigue et, d'autre part, qu'il est impossible dans les cas de fatigue excessive, soit mentale, soit physique (Durham, Mahomed, Lagrange). D'un autre côté, il est aussi reconnu que les hommes s'endorment très facilement sous l'influence d'un milieu ennuyeux et uniforme. Cependant, si on analyse bien ce fait, on comprend que l'ennui doit agir d'une manière hypnagogique justement parce qu'il écarte de nous les impressions, les sensations et les excitations variées, c'est-à-dire tout ce qui peut stimuler notre attention et fournir à notre conscience des matériaux toujours nouveaux pour l'élaboration de notre pensée.

Chacun sait que nous bâillons fréquemment, chaque fois que nous nous ennuyons, ou que nous avons sommeil. On se demande alors qu'est-ce qu'un bâillement? Extérieurement, le bâillement consiste en une inspiration profonde et lente, avec la bouche plus ou moins largement ouverte, et qui est suivie d'une expiration lente qui s'accomplit la bouche béante et la glotte légèrement contractée, de sorte qu'en résultat il se produit ce son si connu de tout le monde, qui accompagne chaque bâillement régulier. C'est là le côté extérieur d'un bâillement. Quant à son mécanisme intérieur, il provient, d'après le physiologiste italien Mosso, d'une fatigue de l'attention.

Cette explication du professeur Mosso est corroborée par ce fait bien connu, que les bâillements apparaissent, *ceteris paribus*, le plus souvent chez les malades qui ont été affaiblis par une perte considérable de sang et aussi chez des sujets à système nerveux instable, par exemple chez des hystériques. En un mot, les bâillements apparaissent d'autant plus facilement, que la vie intellectuelle consciente se montre plus faible et plus promptement fatiguée ; ce qui est le cas des anémiques. Beaucoup de personnes souffrant de l'anémie se mettent à bâiller et à somnoler chaque fois qu'elles restent quelque temps dans une position verticale, c'est-à-dire assises ou debout; et au contraire, dès qu'elles prennent une position horizontale, leur envie de dormir et leurs bâillements disparaissent sans laisser de trace. En présence de tous ces faits, il est logique de supposer qu'il doit exister une liaison plus ou moins intime entre les bâillements et l'anémie du cerveau.

Des bâillements énergiques s'accompagnent toujours de pandiculations de tout le corps et des membres, et le professeur Mosso dit qu'elles proviennent du désir instinctif d'éviter les stases localisées du sang, et qu'en général on éprouve le besoin de se distendre les membres chaque fois que le sang se trouve distribué irrégulièrement dans le corps.

Que les bâillements, les pandiculations puissent en réalité provenir de la fatigue de l'attention, c'est ce que tendraient à confirmer mes expériences sur l'antagonisme existant entre l'attention d'un côté et tous les mouvements, et même toutes les innervations motrices de l'autre. Ces expériences ont été faites par moi en collaboration avec M. le Dr Wartanoff, et au moyen de la méthode graphique. Elles m'ont démontré que toute activité de l'attention se traduisait extérieurement par un afflux du sang vers le cerveau et par un amoindrissement correspondant dans le volume du bras; mais si on obligeait les sujets à exécuter quelques mouvements habituels, les effets de l'attention active sur les vaisseaux du corps ne se faisaient plus sentir. Il en allait de même lorsque les sujets, en même temps que leur attention se concentrait sur quelque sensation minime de l'ouïe ou du toucher, se représentaient un mouvement quelconque, sans toutefois le reproduire; c'est-à-dire que l'attention ne se traduisait pas alors par un amoindrissement dans le volume du bras.

Ces expériences (1) m'ont prouvé définitivement qu'entre l'attention active et toutes sortes de mouvements ou d'innervations motrices, il existe un antagonisme complet et absolu, et par conséquent les bâillements et les pandiculations peuvent très bien être dus à la réaction motrice de l'organisme contre une attention trop prolongée, trop assidue. Pendant que l'attention est encore pleine de force, elle peut étouffer tous les mouvements, mais dès

(1) La communication de ces recherches a été faite par moi à la section de physiologie, au Congrès international de médecine à Rome (1894), et le travail a paru dans les *Archives italiennes de Biologie.*

qu'elle est fatiguée, la réaction se montre et le besoin de mouvement se traduit par des bâillements réitérés, par le désir d'étirer son corps, de tendre ses bras, etc. En somme, l'explication qu'a donnée le professeur Mosso du mécanisme intérieur ou de l'essence même du bâillement paraît être tout à fait vraie et juste.

*
* *

Une question se pose maintenant : Quelle est la véritable cause du sommeil? Plus haut nous avons vu que, chez le dormeur, on observe toujours un arrêt dans l'activité de la conscience; aussi pensons-nous que, pour expliquer la cause directe et la nature du sommeil, nous devons étudier notre conscience elle-même. La théorie que nous avançons est une théorie psycho-physiologique du sommeil, et elle peut être exprimée par la formule suivante : *Le sommeil est le temps du repos de notre conscience.*

Si notre formule est juste, les sujets dont la conscience est peu développée doivent dormir beaucoup plus que les personnes favorisées d'un « moi » bien prononcé et nettement défini, parce que le développement de la notion de notre propre « *ego* » est intimement et directement lié à celui de notre conscience.

Que nous présente la vie actuelle sous ce rapport?

Avant tout, il faut observer nos enfants, chez lesquels le côté conscient de la vie psychique est nécessairement moins développé que chez les adultes. Or le sommeil, chacun le sait, dure longtemps chez les enfants, et ils s'endorment beaucoup plus vite et beaucoup plus facilement que les adultes. De ce côté, notre théorie psycho-physiologique ne reçoit que des confirmations. D'autre part, nous voyons que parmi les adultes, dans notre monde civilisé, ce sont les sujets le moins développés, le moins cultivés, qui ont le plus besoin de sommeil. En allant plus loin, nous constatons que notre théorie est pareillement corroborée par les observations faites sur les sauvages. Dugald Stewart le dit nettement : les sauvages, ainsi que certains animaux inférieurs, s'endorment aussitôt qu'ils se trouvent inoccupés et que rien dans le monde extérieur ne fixe plus leur attention. Miclucho-Maclay m'a raconté, personnellement, que les Papouas dorment beaucoup et que le sommeil les prend dès qu'ils n'ont rien à faire, et ce dans les positions les plus étranges, non seulement quand ils sont assis, mais même en restant debout. Ici nous devons aussi noter que les crétins, d'après les observations de Brierre de Boismont, dorment excessivement, et personne, je crois, ne peut nier que la conscience des crétins soit développée d'une façon extrêmement faible et tout à fait insignifiante.

Enfin notre hypothèse sur la nature intime du sommeil trouve encore une autre preuve dans ce fait plusieurs fois démontré que les animaux privés du cerveau et, partant, de toute conscience analogue à la nôtre, ne dorment jamais. Le professeur Fick en a parlé. Le professeur Neumann dit expressément que le sommeil est d'autant moins nécessaire à un animal que la moelle épinière prédomine chez lui sur le cerveau, et les mouvements réflexes sur les mouvements volontaires et conscients.

Pour apprécier toute l'importance de ce fait, il faut se rappeler que chez les animaux privés du cerveau doit nécessairement manquer cette faculté merveilleuse, que nous appelons conscience de soi-même, conscience de tous les phénomènes divers de la vie psychique. En disant que les animaux inférieurs sont privés de la conscience, nous ne prétendons point qu'ils soient complètement dénués de toute forme de la conscience, mais seulement que cette conscience se trouve chez eux dans un état si peu différencié, qu'il est impossible même de diviser leurs actes en actes conscients et volontaires d'un côté, et en actes inconscients et réflexes de l'autre : de sorte que plusieurs auteurs, entre autres l'illustre psycho-physiologiste professeur Wundt, nient même absolument l'existence des mouvements réflexes chez les animaux inférieurs. Il est vrai que chaque acte, chaque mouvement, pour être appris jusqu'à pouvoir devenir mécanique, doit avoir commencé par être conscient et volontaire. Cependant la conscience des animaux inférieurs est si peu développée, qu'il est impossible même de la séparer et la distinguer des autres facultés psychiques. Pour se représenter cet état non différencié de la sphère psychique, il faut se rappeler les périodes analogues du développement de la vie physique des organismes. Ainsi, par exemple, chacun de nous sait qu'il existe des groupes d'animaux dans lesquels le protoplasma vivant apparaît indivisible et un : c'est-à-dire qu'il est privé absolument de toute différenciation en organes et tissus séparés, et accomplit, à lui seul et indivisiblement, toutes les fonctions nécessaires à la vie, comme la respiration, la contractilité, les mouvements, la sensibilité, l'absorption et l'assimilation de la nourriture. Il va sans dire que, dans ces conditions, il est impossible de se figurer que telle ou telle fonction du protoplasma soit amenée à une fatigue complète, car le protoplasma étant indivisible, toute fatigue d'une quelconque de ses parties doit se généraliser dans toute sa masse et occasionner un arrêt temporaire de toutes ses fonctions vitales. En présence de faits pareils, il est tout naturel de supposer que les périodes d'activité et de repos doivent être, dans ces conditions d'existence, bien strictement équilibrées : par conséquent, ses formes organiques n'ont pas besoin d'un repos accessoire sous forme de sommeil.

Dès que la conscience a pu se différencier des autres fonctions psychiques, cette faculté est si souvent mise en action que les périodes de repos, qui succèdent régulièrement aux périodes d'activité, deviennent insuffisantes pour la reconstitution complète des énergies usées de la conscience et un sommeil plus ou moins long et plus ou moins fréquent devient de plus en plus nécessaire. Et plus la conscience est faible, plus elle se fatigue facilement, et d'autant plus elle a besoin de sommeil; au contraire une conscience énergique se contente d'un sommeil moins long, moins profond et aussi moins fréquent. Nous avons déjà parlé des petits enfants; nous ajouterons — ce dont chacun a pu se convaincre par des observations personnelles — que les enfants dorment d'autant plus profondément que leur âge est plus tendre.

.*.

La vérité de notre opinion, « que le sommeil n'est que le temps du repos de la conscience », est surtout démontrée par les observations qui ont été faites en 1828 sur un certain Gaspard Haüser. Ce sujet avait passé toute son enfance et une partie de sa jeunesse dans une séquestration absolue, de sorte qu'il n'avait jamais vu ni les hommes, ni

les animaux, ni les plantes, ni le ciel, ni le soleil,
ni les étoiles, ni la lune ! A dix-sept ou dix-huit ans,
on l'amena à Nüremberg, où on l'abandonna au
milieu d'une rue. Ce sujet, à dix-sept ans, présentait tout à fait le développement d'un bébé, car
il ne savait ni marcher, ni voir, ni parler, ainsi
qu'il fut constaté de prime abord par les gens qui
le recueillirent et vérifié par les observations sui-
vies de ses instituteurs. Tant d'impressions variées,
tant de sensations nouvelles produisaient sur lui
une influence tellement forte, dans les premiers
temps de sa vie à Nüremberg, qu'il en souffrait
péniblement, jusqu'à souhaiter d'être de nouveau
enfermé dans la solitude absolue de cette sombre
chambrette dans laquelle il avait passé les dix-
sept ou dix-huit premières années de sa vie. Eh
bien ! ce Gaspard Haüser, pendant les premiers
mois de sa vie parmi les hommes, dormait d'un
sommeil tellement profond, qu'il était presque
impossible de le réveiller. Il s'endormait toujours
dès que le soleil se couchait, et le sommeil le
prenait aussi facilement que les petits bébés, et
même plus facilement encore, car il suffisait de le
conduire hors de la maison pour qu'il s'endormît
profondément, et cela même quand il se trouvait
dans un chariot cahotant, malgré tout le bruit des
roues, malgré tous les soubresauts du véhicule.
Dans ces promenades, la conscience de Gaspard
Haüser devait recevoir une telle quantité de sen-

sations inaccoutumées, qu'elle se fatiguait bien vite, elle s'épuisait, et il en résultait une tendance invincible à un profond sommeil.

En outre, si nous approfondissons la question qui nous intéresse, nous devons étudier les phénomènes présentés par des vieillards : nous verrons qu'il en est qui dorment beaucoup et d'un sommeil profond, tandis que d'autres, du même âge, ont un sommeil des plus légers et d'une bien courte durée. On ne peut pas expliquer ces différences avec les théories chimiques et vasomotrices du sommeil, parce que, chez tous les vieillards, il doit se former une accumulation des produits de la métamorphose régressive, — comme par exemple l'acide carbonique et l'acide lactique, — et en même temps le système vasomoteur se trouve, à cause même de leur âge, plus ou moins modifié ; et malgré cela le sommeil présente chez eux des qualités diamétralement opposées.

Au contraire, si nous considérons le sommeil comme le temps du repos de la conscience, toutes ces différences s'expliqueront d'elles-mêmes. Chez les vieillards, en effet, dont la vie consciente va s'affaiblissant avec les années, la conscience doit décliner et s'user très facilement : de là une prédominance plus ou moins grande du sommeil. On observe aussi chez la plupart d'entre eux un affaiblissement plus ou moins notable de la mémoire consciente : par exemple, l'illustre astronome russe, M. Struve (senior), pendant le dernier temps de sa vie, perdait de plus en plus la mémoire des faits les plus récents de son existence, tandis qu'il retenait encore très bien les événements de son passé. Pour démontrer à quel degré le sommeil peut prédominer chez les vieillards, nous pouvons citer ici le cas du mathématicien français Moivre qui, arrivé à un certain âge, se vit obligé d'augmenter de plus en plus la durée des instants qu'il consacrait au sommeil, jusqu'à dormir finalement vingt heures par jour, n'en gardant plus que quatre pour sa vie consciente et ses occupations scientifiques.

D'un autre côté, les vieillards qui conservent leur conscience en pleine vigueur sont nécessairement enclins à l'insomnie, et c'est tout naturel, parce que les conditions d'existence d'un vieillard sont telles, que la conscience ne trouve plus l'occasion de s'exercer au même degré que par le passé, et comme elle conserve malgré les années sa vigueur intégrale, elle ne se fatigue pas assez pour sentir le besoin d'un long et profond repos. C'est ainsi que se développe la tendance de certains vieillards à un sommeil court et léger et même à l'insomnie.

En un mot, la théorie psycho-physiologique que nous avons formulée suffit parfaitement à expliquer les modifications du sommeil suivant les différents âges de la vie et les différents degrés du développement individuel. Je me permettrai encore de rappeler que les sujets dont la personnalité est bien marquée et la conscience développée à un haut degré, ont relativement très peu besoin de sommeil, justement parce qu'une conscience pareille est capable de produire un travail considérable. Ainsi, par exemple, on sait que Humboldt, Mirabeau, Schiller, Frédéric le Grand et Napoléon Ier dormaient très peu.

Après tout ce qui vient d'être dit, nous ne nous étonnerons pas de voir des auteurs nier chez les fœtus la capacité de dormir pendant leur vie intra-utérine.

Dans les chapitres suivants, nous aurons encore bien souvent l'occasion de mentionner des faits qui prouvent la vérité de la théorie psycho-physiologique d'après laquelle le sommeil ne représente que le temps du repos de la conscience, de sorte que, partout où la conscience manque, il ne saurait exister.

Ici nous ne voulons qu'insister quelque peu sur la question suivante : Le sommeil en général est-il nécessaire ? En considérant que non seulement différents organes et tissus de notre corps, mais aussi divers appareils de notre système nerveux central fonctionnent pendant le sommeil le plus profond, nous pourrions concevoir des doutes sur la nécessité du sommeil en général. La possibilité de ces doutes est démontrée, entre autres, par ce fait que des savants se sont trouvés pour déclarer *le som- meil* une habitude inutile, sotte et même nuisible (Girondeau). Nous voilà donc obligés de nous de- mander s'il est possible pour un homme de s'en passer.

A cette question nous sommes en mesure de donner une réponse positive, car précisément l'ab- sence de sommeil est encore moins bien supportée par les animaux qu'une absence complète de nour- riture. Des expériences directes ont démontré que les animaux qui ont été privés de toute alimenta- tion pendant vingt jours et qui ont alors perdu plus de la moitié de leur poids, peuvent encore échapper à la mort, si on les nourrit avec précau- tion, c'est-à-dire par petites doses souvent répé- tées. Au contraire, des expériences pratiquées sur de jeunes chiens m'ont prouvé que l'absence complète de sommeil pendant quatre ou cinq jours (do 96 à 120 heures) occasionne des lésions irré- parables dans l'organisme animal, et malgré tous les soins, les sujets soumis à cette épreuve n'ont pu être sauvés. Le manque absolu de sommeil pendant une durée de 96 à 120 heures a été mortel pour de jeunes chiens malgré l'excellente nourri- ture qu'ils recevaient tout le temps ; et plus le sujet était jeune, plus vite il succombait à l'in- fluence nuisible d'une insomnie prolongée. Chez

4.

les animaux qui ont été privés de sommeil plus ou moins longtemps, on observe un abaissement de la température et en même temps un amoindrissement marqué du nombre des globules rouges et des globules blancs du sang, — ceux-ci, sans doute, à cause de leur arrêt dans les voies lymphatiques. Pendant les derniers jours d'une pareille expérience, le sang des animaux s'épaissit d'une façon notable, tandis qu'augmente le nombre des globules rouges du sang et la quantité d'hémoglobine. En même temps on remarque, chez les animaux qui ont été soumis à une insomnie de 96 à 120 heures, des dérangements sérieux dans la nutrition. En général, un jeune chien qui n'a pas dormi un seul moment pendant 96 ou 120 heures présente un aspect plus pitoyable, produit une impression plus pénible, qu'un jeune chien qui vient de passer dix à quinze jours sans rien manger. J'en parle par expérience, car j'ai été obligée de faire personnellement des observations sur l'inanition autant que sur le manque complet de sommeil, et j'ai emporté de ces études la ferme conviction que le sommeil est plus nécessaire aux animaux doués de conscience que la nourriture elle-même.

Ce qui est intéressant encore, c'est que le cerveau paraît être le lieu de prédilection des changements les plus profonds et les plus irréparables qui surviennent pendant l'insomnie absolue; au contraire, chez les animaux soumis à une inanition complète, c'est le cerveau qui conserve le plus longtemps son poids primitif et sa constitution normale, tandis que les autres organes et tissus éprouvent des modifications profondes et un amoindrissement remarquable de leur volume. A en juger d'après ces expériences sur de jeunes chiens âgés de deux à quatre mois, on dirait que le manque de sommeil agit avant tout sur le système cérébral, dans lequel il provoque toute une série de changements pathologiques. En tout cas, l'organisme animal peut bien plus facilement supporter l'absence complète de la nourriture que celle du sommeil.

Dans le monde antique, ainsi qu'en Chine, on a dû connaître ce fait d'une façon empirique, puisque la privation forcée du sommeil y était une des formes de la torture et même de la peine capitale.

En présence de cette inéluctable nécessité du sommeil pour les êtres doués d'un système nerveux central, nous sommes forcément amenés à conclure que la vie consciente a besoin, pour son accomplissement, d'une dépense particulièrement intense d'énergie, d'une dépense si intense, que pendant qu'elle s'effectue tous les processus de la nutrition plastique et de la reconstitution des tissus ne peuvent s'opérer régulièrement et à un degré suffisant : et c'est en effet pendant le sommeil, c'est-à-dire pendant le temps où la conscience se repose, que s'effectue précisément la nutrition plastique de l'organisme : le sommeil est le moment où s'accomplit la vie végétative de l'organisme.

La conscience, la conscience de soi-même, est la plus haute de nos facultés; sans elle point d'idéal moral pour l'humanité, point de connaissances scientifiques, nulle aspiration à la vérité éternelle. Il n'est donc pas étonnant que la réalisation de cette vie consciente de l'homme nécessite le plus grand effort de toutes les énergies accumulées dans un organisme. Il est aussi aisé de comprendre que, là où la conscience manque, le sommeil devient inutile.

Plus loin nous essayerons de définir la nature de la conscience elle-même, et dans ce but nous mettrons à profit les observations cliniques et pathologiques. Quant à présent, nous avons le droit de formuler encore une conclusion, à savoir que les savants se trompent, qui considèrent le sommeil comme un arrêt ou une diastole de l'activité cérébrale : car pendant le sommeil le cerveau ne dort pas, n'est pas inactif tout entier, mais, au contraire, de toutes ses parties celles-là seules se reposent, qui constituent la base anatomique de la conscience.

Byron a eu certainement raison de dire que notre vie terrestre se compose essentiellement de deux existences distinctes, car le sommeil représente un monde à part, un monde tout particulier.

> Our life is twofold ; sleep has its own world.
> A boundary between the things misnamed
> Death and existence : sleep has its own world (1)...

Il est donc nécessaire d'étudier sérieusement, fondamentalement cette partie de notre vie : de là peut dépendre quelquefois la solution des autres questions essentielles de notre existence terrestre.

(1) Notre vie est double : le sommeil a son monde à lui. Il forme la limite entre les choses qu'on a nommées mal à propos la mort et l'existence : le sommeil a son monde à lui.

Articles et livres ayant trait à la physiologie du sommeil.

Siemers, Erfahrungen über den Lebensmagnetismus und Somnambulismus, 1835. (Il est question de l'ouïe dans la région de l'estomac.)

Davey, British Medical Journal, 26 février 1881.

Le même, Transference of special Senses ; Journal of Psychological Medicine and Mental Pathology, 1881, t. VII, p. 1, p. 37. The British and Foreign Medico-Chirurgical Review, 1845. Transposition of the senses.

Borelli (A.), De motu animalium, 1675.

Haller, Anfangsgründe der Physiologie des menschlichen Körpers, 1772, t. V.

Sorgewohl, Schreiben vom Zustande der äusserlichen Sinne im Schlafe; Der Arzt, 1769, t. II.

Blumenbach, Anfangsgründe der Physiologie, 1795.

Martin, Abhandlungen der königl. schwedischen Akademie der Wissenschaften. Leipzig, 1749-1784, t. XXX et XXXI.

Nudow, Versuch einer Theorie des Schlafes. Königsberg, 1791.

Ackermann, Darstellung der Lebenskraefte, 1805, t. I.

Dugald Stewart, Elements of the Philosophy of the human Mind, 1818, t. I, 6ᵉ édition.

Cleghorn (R.), De somno. Thesaurus medicus edinburgensis novus. Edinburgi et Londoni, 1785, t. II, p. 400 et suiv.

Ziehl (Joh.), De somno, 1818. Erlangen.

Cullen, Anfangsgründe der theoretischen Arzneykunst, Leipzig, 1786.

Boerhaave's (H.), Physiologie, traduction allem. d'Eberhard, 1754.

Purkinje, Wachen, Schlaf, Traum und verwandte Zustände. Wagner's Handwörterbuch der Physiologie, t. III, b.

Müller (Iohannes), Handbuch der Physiologie der Menschen, 1840, t. II.

Bichat, Sur la mort et la vie. Paris.

Broussais, Lectures on Phrenology (The Lancet, 1837, t. I, p. 882).

Rudolphi, Grundriss der Physiologie, 1823, t. II.

Eloge de Mr. Moivre. Histoire de l'Académie royale des sciences, 1754. Paris, 1759.

Burdach, Die Physiologie als Erfahrungswissenschaft, 1838, 2e édition.

Frölich, Ueber den Schlaf, 1821.

Stokes, Observations on the closure of the eye in sleep (The Dublin Journal of Medical Science, 1841, t. XVIII, p. 72 et suiv.).

Fornenis, Gazzeta Sarda, 1858, 12-14. Du rôle de la glande thyroïde.

Friedländer, Versuch über die inneren Sinne und ihre Anomalien. Leipzig, 1826.

Osborne, Some considerations tending to prove that the choroid plexus is the organ of sleep (The London Medical Gazette or Journal of practical Medicine, 1849, t. VIII, p. 977).

Smith, Suggestions relative to the cause of sleep (The Lancet, 1845, t. I, p. 36 et suiv.).

Cappie, The Causation of Sleep, 1872.

Fleming, Note on the Induction of Sleep and Anaesthesia by Compression of the Carotids (The British and Foreign Medico-Chirurgical Review, 1855, t. XV, p. 529 et suiv.).

Bernard (Claude), Deux mémoires sur les variations de couleur du sang veineux (Journal de la physiologie, 1858, t. I).

Girondeau, De la circulation cérébrale intime dans ses rapports avec le sommeil. Paris, 1868.

Robin, Recherches sur quelques particularités de la structure des capillaires de l'encéphale (Journal de la physiologie de l'homme et des animaux, 1859, t. II, p. 537 et suiv.).

Boll, Die Histologie und Histogenese der nervösen Centralorgane (Archiv. für Psychiatrie u. Nervenkrankn, t. IV, 1874).

Le même, Ibidem, 1851, t. III, p. 445 et suiv.

His, Ueber ein perivasculäres Canalsystem in den nervösen Centralorganem, etc. Zeitschrift für Wissensch. (Zoologie, t. XV, p. 127 et suiv.).

OBERSTEINER, Ueber einige Lymphräume im Gehirne (Wiener Acad. Sitzungsberichte, t. LXI, livre I, 1870).

GOLGI, Contribuzione alla fina anatomia degli organi centrali del sistema nervosa (Rivista clinica, novembre 1871).

TARCHANOFF, De l'influence du curare sur la quantité de la lymphe et l'émigration des globules blancs, 1875.

SOMMER, Neue Theorie des Schlafes (Zeitschrift für rationelle Medicin, 1868, t. XXXIII, p. 214 et suiv.).

HEYNSIUS, Nederl. Tydschrift van Geneesk., 1859, p. 651 et suiv.

MOORE, On going to sleep, 1871.

FLINT, The Physiology of Man, 1873.

RANKE, Tetanus, 1865. Leipzig.

LE MÊME, Archiv für Anat. und Physiol., 1863, p. 422, et 1864, p. 320 et suiv.

PREYER, Ueber die Ursache des Schlafes, 1877.

MENDEL, Deutsche medic. Wochenschrift, 1876, p. 193 et suiv.

JERUSALEMSKY, Moskowsky, Wratchebni Westnik., 1876, en russe.

MEYER (Lothar), Virchow's Archiv, t. LXVI, p. 120 et suiv.

FISCHER, Zeitschrift für Psychiatrie, t. XXXIII.

PFLÜGER, Theorie des Schlafes (Archiv für die gesammte Physiologie des Menschen und der Thiere. Bonn., 1875, t. X).

BINZ, Archiv für experimentelle Pathologie und Pharmakologie, 1877, t. VI, p. 310 et suiv.

WUNDT, Grundzüge der physiologischen Psychologie, 1887, t. II, p. 447.

HENKE, Hypothese über den Schlaf (Zeitschrift für rationnelle Medicin, 1862, t. XIV).

MAURY, Nouvelles observations sur les analogies des phénomènes du rêve et de l'aliénation mentale (Annales Médico-psychologiques, 1853, t. V).

LEMOINE, Du sommeil au point de vue physiologique et psychologique, 1855.

NAGEL, Der natürliche und künstliche Schlaf, 1872.

DESPINE, Psychologie naturelle, 1880, t. I.

BÖRNER, Das Alpdrücken, seine Begründung und Verhütung, 1855.

CUBASCH, Sammlung gemeinverständlicher Vorträge, 1877, cah. 269.

BURNS, Curious Case of Somnambulism (The Medical and Surgical Reporter, 1875, t. XXXII, p. 158 et suiv.).

KOHLSCHÜTTER, Messungen der Festigkeit des Schlafes (Zeitschrift für rationelle Medicin, 1863).

LE MÊME, Mechanik des Schlafes (Zeitschrift für rationelle Medicin, 1869, t. XXXIV).

HOY, The Journal of Nervous and Mental Disease, 1877, t. 1, p. 289.

MANDIXI, Giornale della reale Accademia di Medicina di Torino, 1882, n°ˢ 4, 5 et 6.

PENZOLDT und FLEISCHER, Virchow's Archiv für pathologische Anatomie und Physiologie und für klin. Medicin, 1882, t. LXXXVII, cah. 2.

MENNIXHOF und PISBERGEN, Zeitschrift für Biologie, 1883, t. XIX, cah. 1.

BÖCKER, Ueber den Schlaf (Archiv des Vereins zur Förderung der wissenschaftlichen Heilkunde, 1856, t. II, p. 76 et suiv.).

HAMMOND, On Sleep (The British and Foreign Medico-Chirurgical Review, 1870, p. 46, et Gaillard's Medical Journal, 1880, 29 février).

LE MÊME, Sleep and its derangements, 1880.

BROWN, Case of Extensive Compound Fracture of the Cranium (The American Journal of medical Sciences, 1860, n° 80).

JOUFFROY, Mélanges philosophiques. Paris, 1841, t. II.

QUINCKE, Archiv für experimentelle Pathologie und Pharmakologie, 1877, t. VII.

SALATHÉ, Recherches sur les mouvements du cerveau. Paris, 1877.

LECONTE, On some Phenomena of Binocular Vision (The American Journal of Medical Sciences and Arts, 1875, n° 51).

REHLMANN und WITKOWSKY, Archiv für Anatomie und Physiologie, 1878, p. 109 et suiv.

MOSSO, Archiv für Physiologie v. Du Bois-Reymond, 1878. Ueber die gegenseitige Beziehungen der Bauch und Brustathmung.

LE MÊME, Ueber den Kreislauf des Blutes im menschlichen Gehirn, 1881.

VOIT und PETTENKOFER, Ueber die Kohlensäureausscheidung und Sauerstoffraufnahme während des Wachens und

Schlafens beim Menschen (Sitzungsberichte der königl.
bayer. Akad. der Wissenschaften zu München, t. II,
Sitzung vom 10 Nov. 1866. — *Ibidem*, 1867, t. I, Sitzung
vom 9 Februar).

Scharling, Annalen der Chemie und Pharmacie, t. XXXXV,
1843.

Henneborg, Journal für Landwirthschaft, 1869, p. 306 et 409.

Le même, Landwirthsch. Versuchsstationen, 1866, t. VIII.

Regnault et Reiset, Annales de chimie et de physique (3),
26, 1849.

Reiset, Ann. de chimie et de physique (3), 69, 1863.

Vierordt, Physiologie des Athmens, 1845 (Wagner's Handwörterbuch der Physiologie, II, p. 883 et suiv.).

Speck, Untersuchungen über Sauerstoffverbauch und Koh-
lensäureausathmung des Menschen, 1871.

Boussingault, Annales de chimie et de physique (3), XI, 1844
(Deutsches Journal für practische Chemie, t. XXXV, p. 402
et suiv.).

Landois, Lehrbuch der Physiologie des Menschen, 1881,
p. 248.

Pierrot, De l'insomnie, 1869. Thèse.

Fazio, Sul sonno naturale, studio teoretico sperimentale
(Il Morgagni, 1874).

Durham, The Physiology of sleep (Guy's Hospital Reports
(3), t. VI, 1860). — Psychological journal, t. V, p. 74
et suiv.

Blumröder, Ueber das Irresein, p. 98, et Naturforschersamm-
lung, 1853. — Allgemeine Zeitschrift für Psychiatrie und
psychischgerichtliche Medicin, 1859, t. XVI.

Vizioli (Francesco), Il Morgagni, 1870, t. XII, p. 835 et suiv.

Busch, Virchow's Archiv, 1858, t. XIV.

Keyes, The Effect of small Doses of Mercury in modifying
the number of the red Blood Corpuscles in Syphilis
(The American Journal of the medical Sciences, 1876,
n° 141).

Tarchanoff, dans le Manuel de Foster en russe, t. II, p. 419.

Byford, On the Physiology of Repose or Sleep (American
Journal of the Medical Sciences, avril 1856).

Horwath, Würzburger Verhandlungen, t. XII et XIII.

Valentin, Beiträge zur Kenntniss des Winterschlafes der Murmelthiere (Moleschott's Untersuchungen zur Natur-lehre des Menschen und der Thiere, 1865, t. IX).

Winslow (Forbes), Obscure Diseases of the Brain and Mind. 1863, p. 213.

Macario, Des rêves considérés sous le rapport physiolo-gique et pathologique (Annales Médico-psychologiques, 1846-1847, t. VIII et IX).

Nathan, Elemente einer Traumtheorie (Zeitschrift für die gesammte Medicin, 1841).

Lotze, Medicinische Psychologie oder Physiologie der Seele, 1852.

Moreau de la Sarthe, Rêves (Dictionnaire des sciences mé-dicales, 1820).

Fodéré, Traité du délire, 1840.

Dunn, On the Psychological Phenomena of Disease (The British Medical Journal, 1862, t. 1).

Mahomed, Observation on the Circulation made on Mr. Weston during his late 500 Miles Walk (The Lancet, 1876, t. 1, n° 12).

Brierre de Boismont, Examen du rapport de la commission créée par S. M. le roi de Sardaigne pour étudier le créti-nisme (Annales Médico-psychologiques, 1850, t. II, p. 217 et suiv.).

Fick, Ueber die Hirnfunction (Archiv für Anatomie, Physio-logie und wissenschaftliche Medicin, 1851, p. 422 et suiv.).

Neumann, Pathologische Untersuchungen als Regulative des Heilverfahrens, 1842, t. II, p. 98 et suiv.).

Richardson, The Cantor Lectures at the Society of Arts for 1875 (The Medical Press and Circular, 1875, 10 mars).

Langlet, Étude critique sur quelques points de la physio-logie du sommeil. Paris, 1872.

Schopenhauer, Parerga und Paralipomena, 1862, t. I, p. 290.

Nickson, Sleep on the bicycle (The Lancet, 1888, t. I. Il dit que le trémoussement occasionné par la bicyclette fait disparaître le besoin de sommeil).

Manaceïne (Marie de), Quelques observations expérimentales sur l'influençe de l'insomnie absolue (Archives italiennes de Biologie, 1894, t. XXI, fasc. II).

II

PATHOLOGIE DU SOMMEIL

Pendant cet état que nous sommes habitués à appeler le sommeil, les différents organes, tissus et appareils névro-cérébraux de notre corps peuvent se trouver dans l'état de veille, c'est-à-dire en pleine activité, à la seule exception de ces parties de notre cerveau qui servent de base anatomique à notre conscience. Il nous faut maintenant étudier la pathologie du sommeil, c'est-à-dire les différents changements morbides du sommeil; et comme celui-ci est constitué, suivant notre opinion, par le repos de la conscience seule, comme il ne commence que du moment où la conscience, elle seule, s'endort, il est évident que tous les changements pathologiques du sommeil doivent influer d'une façon ou d'autre sur la conscience elle-même: car s'il en était autrement notre théorie psycho-physiologique du sommeil ne saurait être juste.

Une question se pose tout d'abord : En quoi

consistent les modifications pathologiques du sommeil? Quelques fonctions de notre corps que nous prenions, nous trouvons toujours que leurs changements morbides se traduisent ou par un affaiblissement ou par un renforcement des actes fonctionnels ; en ce qui concerne le sommeil, nous rencontrons une série de phénomènes analogues, c'est-à-dire que, dans certains cas, on observe un affaiblissement et dans d'autres, au contraire, une intensité excessive. Dans les premiers cas, le sommeil devient très léger et fugace, de sorte que le moindre bruit, la moindre impression venant du dehors suffisent pour éveiller le dormeur ; en même temps il est nécessairement entrecoupé et court. Il va de soi qu'un sommeil pareil doit être nuisible, parce qu'alors la nutrition plastique des tissus s'interrompt à peine commencée ; et le sommeil a beau reprendre, les interruptions se répètent tout de même. L'influence nuisible d'un pareil sommeil a été déjà signalée plusieurs fois, entre autres par Bouchut.

Un sommeil pareil, c'est-à-dire fugace et éphémère, s'observe chez les personnes qui ont le rire et les larmes faciles, qui rougissent à tout propos, et dont le pouls s'accélère sous l'influence d'un motif des plus insignifiants, et quelquefois même sans aucun motif appréciable ; en un mot il se remarque toujours chez des sujets dont le système nerveux est excessivement mal équilibré et dont les appareils vasomoteurs sont d'une irritabilité extrême.

La plupart des cas d'insomnie se réduisent à ces cas de sommeil léger et fugace que nous venons de décrire ; par conséquent, le professeur Hammond avait parfaitement raison de prévenir les médecins qu'il ne faut pas trop ajouter foi aux paroles des malades, lorsqu'ils prétendent que le sommeil leur manque complètement, car la plupart des sujets atteints d'insomnie ne souffrent pas d'une absence absolue de sommeil, mais seulement d'un sommeil insuffisant et léger. Cette insomnie incomplète influe d'une façon bien fâcheuse sur la santé de l'organisme entier et principalement du cerveau, et il en résulte des dérangements psychiques plus ou moins sérieux. (Renaudin.)

En outre, on rencontre des cas d'insomnie complète, c'est-à-dire d'absence totale de sommeil ; mais ils ne durent pas longtemps : ils se terminent bien vite par la mort. Des cas de ce genre ont été décrits par le professeur Hammond, qui a observé, par exemple, chez un malade, l'absence complète du sommeil pendant neuf jours : le neuvième jour, la mort est venue mettre fin à ses souffrances. Cependant, après les expériences déjà citées, qui ont été faites sur l'insomnie imposée à des animaux, ce résultat fatal ne saurait plus nous étonner, car nous devions nous y attendre.

* *

Il nous reste à déterminer sous quelles conditions s'observe ordinairement l'insomnie. Nous
avons mentionné l'insomnie qu'on remarque chez
les personnes nerveuses, c'est-à-dire chez les sujets
dont le système nerveux se distingue par un manque d'équilibre et une irritabilité excessive. En
général, des sujets pareils se caractérisent aussi
par une tendance accentuée aux hypérémies de la
tête : d'après les observations de Bouchut, ils rougissent fréquemment et pour le plus léger motif,
et cette rougeur du visage démontre naturellement
que le sang afflue vers la tête (Nagel).

En analysant plus haut les conditions nécessaires
au sommeil, nous avons trouvé qu'avant tout il
faut avoir un certain degré d'anémie du cerveau :
par conséquent, il est aisé de comprendre que les
personnes sujettes aux afflux du sang vers la tête
doivent en même temps avoir une tendance à l'insomnie. Il est aussi reconnu que des occupations
intellectuelles excessives conduisent très souvent
à l'insomnie, ainsi que le surmenage occasionné
par des efforts physiques (Mahomed). Les faits de
ce genre s'expliquent d'eux-mêmes, parce que
tout surmenage, et surtout un surmenage cérébral, peut provoquer une dilatation considérable
des vaisseaux cérébraux, une dilatation si forte,

qu'en l'absence d'une nutrition plastique correspondante, elle prend, pour ainsi dire, la forme
d'une paralysie temporaire des vaisseaux sanguins (Durham); par conséquent les vaisseaux du
cerveau sont incapables, dans ces conditions, de se
contracter et les gaines lymphatiques qui les entourent ne peuvent se remplir de la lymphe nutritive. Dans nos travaux sur le surmenage mental,
nous avons déjà eu l'occasion d'analyser attentivement les insomnies qui se développent ainsi
sous l'influence d'une dilatation excessive des
vaisseaux cérébraux par l'affaiblissement du tonus
des parois des vaisseaux.

L'extrême fatigue physique peut aussi, dans
quelques cas, produire l'insomnie, et le docteur
anglais Mahomed suppose que l'insomnie, dans ces
conditions, provient de ce que le cœur travaille
plus fortement et par conséquent envoie vers le
cerveau des quantités plus considérables du sang.
Chez le sujet qui a été observé par Mahomed, la
pression sanguine a augmenté d'une façon bien
marquée après l'accomplissement d'un travail
physique excessif, c'est-à-dire après une marche
de 500 milles. Ce sujet n'a pu s'endormir que lorsque son cœur a commencé à battre plus tranquillement.

Le professeur Smith a mentionné le fait que
les pieds froids occasionnent très souvent un
accès d'insomnie, et même chez de petits enfants,

5.

c'est-à-dire chez des sujets qui ordinairement jouissent d'un bon et profond sommeil. Il est évident que, chez les adultes, les mêmes conditions peuvent beaucoup plus facilement provoquer l'insomnie, et c'est tout naturel, parce que le refroidissement des extrémités signale toujours un afflux du sang vers les organes intérieurs et entre autres vers le cerveau.

Après tout ce qui vient d'être dit, nous comprendrons pourquoi toute excitation considérable, — joie intense ou vive inquiétude, — peut occasionner l'insomnie, quand on la ressent vers le soir. L'observation du docteur Russel, démontrant que les hommes mis en prison perdent beaucoup de leur poids pendant tout le temps que dure leur procès, ce qui ne se remarque pas après la prononciation de la sentence même la plus sévère, ne nous étonnera plus, si nous savons que toute inquiétude, toute agitation peut priver un homme du sommeil, et que ce dernier est au plus haut degré nécessaire pour la nutrition plastique des tissus et pour la reconstitution des pertes subies par l'organisme pendant la veille.

Solberg, de son côté, a décrit un cas dans lequel un garçon âgé de huit ans a présenté une insomnie bien rebelle, qui s'était développée sous l'influence de l'inquiétude inspirée par les examens. Cette insomnie se termina par une maladie sérieuse.

En général, on ne peut douter que les insomnies se développent sous l'influence de tous les sentiments, de toutes les émotions qui occasionnent un afflux du sang vers le cerveau, comme par exemple la joie, la colère ou l'inquiétude (Hanfield, Jones, Lidell, etc.). Après tout ce qui vient d'être dit, nous ne serons pas étonnés d'apprendre que certains auteurs ont combattu avec succès l'insomnie en appliquant des compresses d'eau froide sur la tête ou en enveloppant le corps entier dans des draps de lit mouillés (Becker et Schüller). Quant à moi, j'ai obtenu un effet excellent de l'application d'un sac en caoutchouc rempli d'eau froide à la partie antérieure de la tête, dans des cas d'insomnie développée par suite d'un surmenage mental.

Tous ces moyens agissent très favorablement sur l'insomnie parce que, d'un côté, ils provoquent la contraction des vaisseaux du cerveau et, de l'autre, la dilatation des vaisseaux de la peau, et déterminent ainsi une contraction secondaire et consécutive des vaisseaux du cerveau. Les bains chauds exercent aussi une action salutaire sur l'insomnie, s'ils sont pris le soir, parce qu'ils amènent de même une dilatation des vaisseaux périphériques de la peau, et par conséquent une anémie relative du cerveau.

Pour nous, qui étudions la nature même du sommeil, les observations faites sur des personnes anémiques offrent un intérêt tout spécial, en ce qu'elles ont démontré que tous les sujets anémiques se distinguent par une somnolence plus ou moins grande tant qu'ils sont debout ; mais une fois qu'ils se mettent au lit tout change : la position horizontale suffit souvent, dans ces conditions, pour faire disparaitre la somnolence et amener à sa place l'insomnie. Pourquoi ? Ces faits s'expliquent très simplement : les parois des vaisseaux, chez les personnes anémiques, sont dépourvues de toute tonicité, et par conséquent il suffit à ces sujets de prendre la position horizontale pour qu'il se forme chez eux un afflux plus considérable de sang vers la tête, alors que, pendant la position verticale, sous l'influence des mêmes causes, il se formait une stase de sang dans les extrémités inférieures et dans les organes abdominaux. D'un autre côté, il est reconnu que certains malades anémiques s'endorment tout de suite après avoir mangé, et ce fait ne présente rien d'extraordinaire, les expériences de Durham ayant démontré que l'introduction des aliments dans l'estomac provoque une contraction bien marquée des vaisseaux du cerveau, lequel pâlit plus ou moins. Mais nous aurons l'occasion de revenir sur cette question dans le chapitre consacré à l'hygiène du sommeil, et c'est pourquoi nous la laisserons de côté pour le moment.

En outre, on sait que l'électrisation de la tête

et du cou peut anéantir la tendance existante à
l'insomnie (Beard et Rockwell), et ce fait s'explique aisément, parce que l'électrisation provoque la contraction des vaisseaux cérébraux, qui
est si nécessaire pour le sommeil. Le professeur
Hammond, en galvanisant le nerf sympathique,
obtenait une somnolence marquée ; en même temps
les vaisseaux de la rétine se contractaient et, par
suite, aussi les vaisseaux du cerveau, car il n'est pas
douteux que, d'après la condition des vaisseaux
de la rétine, on ne puisse juger assez exactement
de l'état dans lequel se trouve la circulation
cérébrale (Bouchut). Le professeur Hughlings-
Jackson a éveillé un enfant qui était profondément endormi, et il a observé, à l'aide de l'ophthalmoscope, les vaisseaux de sa rétine ; il a toujours
remarqué des variations dans le volume des artères : elles devenaient tantôt plus étroites, tantôt
plus larges ; mais l'enfant était tout à fait somno-
lent et la contraction des artères correspondait
aux moments où il s'endormait, tandis que les
réveils répétés s'accompagnaient toujours d'une
dilatation des artères.

*

Ainsi nous voyons que les insomnies s'observent
dans tous les cas où le sang afflue à la tête, et les
observations accumulées sur l'insomnie ne font

que démontrer, de leur côté, le fait que le sommeil, le sommeil normal, s'accompagne nécessairement d'une anémie plus ou moins grande du cerveau, qu'il s'accompagne d'une contraction des vaisseaux cérébraux. Or, dans le chapitre précédent, nous avons dit que le sommeil ne représentait que le temps pendant lequel se repose la conscience, et par conséquent nous arrivons maintenant à la conclusion que l'activité de la conscience nécessite avant tout un afflux considérable du sang au cerveau.

Cette conclusion est-elle juste ? Il nous semble que la nécessité absolue d'un afflux considérable du sang au cerveau pendant l'activité consciente de ce dernier est connue à un tel degré, qu'il est tout à fait superflu de citer ici toute une série d'observations et d'exemples pour démontrer la vérité de cette proposition. Nous nous permettrons seulement de rappeler quelques faits bien connus, comme par exemple le fait qu'une perte considérable de sang entraîne l'abolition de la conscience, ou que les personnes ayant un goitre, c'est-à-dire une glande thyroïde agrandie, se caractérisent par une conscience plus ou moins affaiblie, comme l'a déjà prouvé Schrœder van der Kolk. Une glande thyroïde agrandie doit évidemment retirer une grande quantité de sang du cerveau. Il est reconnu que tous les crétins possèdent un goitre, et pendant toute leur vie leur conscience ne se développe que fort peu, justement parce que, chez eux, le cerveau reçoit des quantités moindres de sang à cause de la présence du goitre. Au même ordre de faits se rattache l'observation de Dixon, qui a connu un garçon très anémique. Ce sujet, quand il était debout ou assis, se distinguait par une somnolence et une faiblesse mentale remarquables, mais dès qu'il prenait une position horizontale, c'est-à-dire dès qu'il se couchait, il devenait plus vif et plus intelligent, et par suite, sa conscience devenait plus active.

Ainsi tout nous prouve que l'exercice de la conscience exige une circulation sanguine des plus actives ; ce fait nous démontre à son tour que cette faculté de notre âme, que nous appelons la conscience, doit être liée directement avec un appareil anatomique, lequel, pour entrer en jeu, a besoin, avant tout, d'une circulation active dans le cerveau, d'une circulation d'autant plus active qu'elle doit nécessairement se refléter sur la fonction même des autres organes. Ainsi, par exemple, des expériences directes avec un dynamomètre ont démontré que la force musculaire s'affaiblit d'une façon notable pendant tout le temps que le sujet observé est absorbé par quelque travail mental conscient, comme la solution d'un problème d'arithmétique (Loeb). Il est aussi reconnu que tout travail cérébral est nuisible après le dîner, tout simplement parce que tout travail mental conscient occasionne un afflux de sang au cerveau et, par suite, provoque une anémie relative des organes digestifs, interrompant ainsi le cours normal de la digestion.

**

Il nous reste maintenant à rechercher dans quelles conditions de la conscience s'observe l'insomnie. La connexion intime du sommeil avec la conscience se manifeste, entre autres, par le fait même de l'absence absolue de l'insomnie pendant un état inconscient. Toute abolition de la conscience, quelle qu'en soit la cause, met toujours l'homme dans un état qui, par sa forme extérieure, ressemble au sommeil, mais qui s'en distingue par plusieurs particularités essentielles, que nous n'avons ni le temps, ni la possibilité d'énumérer exactement. Cet état qui ressemble au sommeil s'observe aussi bien dans les cas où l'abolition de la conscience est occasionnée par une commotion du cerveau, que dans ceux où elle est la suite d'une hémorragie dans la substance cérébrale ou d'une stase veineuse excessive dans le cerveau. Ainsi, en résumant tout ce que nous venons de dire, nous arrivons à la conclusion qu'une *insomnie est impossible pendant un état inconscient.*

D'un autre côté, il est avéré que les insomnies les plus rebelles et les plus complètes s'observent chez les malades psychiques et justement chez les malades présentant ces formes des maladies de l'âme qui se caractérisent par un dédoublement de la conscience, par une division de la conscience, par un manque absolu d'unité dans la conscience de soi. Ce fait est tout naturel, car, lorsque la conscience se divise, l'appareil anatomique qui en forme la base doit aussi perdre son unité, et par conséquent il peut fonctionner non dans toute son étendue, mais dans certaines parties seulement ; c'est pourquoi la fatigue générale de tout l'appareil anatomique de la conscience devient impossible ; or, comme le sommeil n'est que le repos de la conscience fatiguée, dans les cas susdits la conscience divisée se fatigue et s'endort en partie seulement, et il en résulte une insomnie opiniâtre.

Chez les personnes atteintes de névrosisme, on observe très souvent une insomnie partielle ; en même temps, leur conscience est très souvent dédoublée ou même divisée en plusieurs parties, c'est-à-dire qu'elle perd toute unité. Il s'ensuit que des sujets pareils modifient souvent leurs opinions et leurs convictions, leurs sympathies et leurs antipathies, quoique le manque d'unité dans leur conscience n'atteigne jamais l'intensité qu'on observe chez les personnes affligées de maladies mentales : l'insomnie elle-même est aussi de beaucoup plus faible chez eux que chez les fous.

D'autre part, l'insomnie se remarque dans les cas où la conscience subit une excitation extrême, comme il arrive, par exemple, à la suite d'un effort mental considérable ou d'une inquiétude excessive, parce que dans ces conditions la pensée consciente travaille activement, essayant de deviner toutes les combinaisons défavorables possibles et de trouver les meilleurs moyens de les conjurer.

En un mot, nous arrivons à la conclusion, que l'insomnie est à craindre, ou quand la conscience est dédoublée, divisée en plusieurs parties, c'est-à-dire quand la fatigue de la conscience entière est impossible, ou quand la conscience subit une excitation excessive.

*
* *

Mes lecteurs se souviendront peut-être de cas dans lesquels l'insomnie dépendait de douleurs intenses? Les cas de ce genre ne font que prouver encore plus fortement notre proposition générale, « que le sommeil n'est que le repos de la conscience », car les impressions douloureuses ne sont possibles que sous la forme de sensations conscientes; par conséquent, dès que les irritations de ce genre sont assez fortes pour arriver jusqu'à la conscience, le sommeil devient par cela même impossible, justement parce qu'une conscience qui travaille activement ne peut pas se livrer simultanément au repos. Aussi voyons-nous qu'en général les douleurs les plus variées se dissipent dès que vient le sommeil, et cette disparition des sensations douloureuses s'explique précisément par l'abolition de la conscience pendant le sommeil. C'est pourquoi toutes les variétés de névralgies s'observent le plus rarement entre minuit et sept heures du matin, à en juger d'après les observations recueillies par le neuropathologiste éminent Weir Mitchell. Dans la littérature médicale, on cite des cas où l'on a pu faire des opérations nécessaires sur des sujets qui s'étaient endormis sous l'influence d'une grande fatigue. L'opération, dans ces cas-là, s'effectuait sans que le sujet endormi s'en doutât (Hammond).

Toutes les fois que nous nous éveillons sous l'influence de quelque douleur, par exemple à la suite d'un mal aux dents, il nous semble généralement que la douleur s'est avivée après notre réveil; mais cette augmentation de la douleur n'est qu'une illusion, provenant de ce qu'après le réveil la conscience de l'homme devient tout à fait active, et par suite les irritations douloureuses sont perçues dans toute leur force.

La connexion des sensations douloureuses avec la conscience est en outre démontrée par la nature

de l'effet que produisent les moyens soi-disant narcotiques ou anesthésiques, comme par exemple
l'opium, la morphine, le chloral-hydrate, le chloroforme, etc. Tous ces moyens et autres de la
même espèce, affaiblissent la douleur seulement
en raison de leur action hébétante sur la conscience, qu'à une certaine dose ils peuvent même
anéantir temporairement, et comme le sommeil
consiste en un arrêt temporaire de la conscience,
on a cru pouvoir appeler narcotiques, anesthésiques et somnifères, ces moyens qui sont aujour-
d'hui d'un usage courant.

Cependant, si on considère les choses sérieusement, on reconnaît bien vite que l'action des
moyens narcotiques ne nous présente aucun des
caractères que l'on observe pendant un sommeil
normal, sauf un seul, c'est-à-dire que leur action
arrête temporairement le travail de la conscience,
comme le fait aussi le sommeil normal. Autre point
à remarquer : de même que le sommeil normal,
l'état de narcose peut être interrompu par une
irritation douloureuse très forte, qui rappelle la
conscience à son activité arrêtée par l'influence
d'un moyen narcotique. C'est pourquoi le chirurgien se voit obligé de répéter les inhalations du
chloroforme toutes les fois qu'il est obligé de pratiquer une grande opération, qui exige avant tout
beaucoup de temps.

On connaît aussi des cas dans lesquels des hom-

mes, dont la conscience était hébétée par les va-
peurs de l'alcool, se sont dégrisés brusquement
sous l'influence, par exemple, de la douleur causée
par la fracture d'un os (Erasme Darwin). En un
mot, nous appelons somnifères les moyens narcotiques par cette seule raison qu'ils produisent, de
même que le sommeil, une interruption temporaire de notre conscience. Là s'arrête la ressemblance de la narcose avec le sommeil normal. Et
les observations recueillies sur les morphino-
manes et les opiophages, c'est-à-dire sur les personnes tellement habituées à l'usage d'un moyen
narcotique qu'elles ne peuvent plus s'endormir
sans ce narcotique, nous démontrent de leur
côté l'existence d'un certain antagonisme entre
l'action des moyens narcotiques et d'un sommeil
normal, car sans cet antagonisme, il serait bien
difficile de s'expliquer pourquoi l'emploi habituel
des narcotiques conduit fatalement le sujet à perdre la faculté de s'endormir d'un sommeil normal
sans l'aide des narcotiques.

Il ne faut pas oublier non plus que les hommes
qui se laissent aller à dormir plus qu'il ne faut,
s'habituent peu à peu à cet excès de sommeil, à
un tel degré qu'il leur devient absolument nécessaire, et que l'acte de s'endormir leur devient de
plus en plus facile. Par conséquent, on pourrait
supposer que la même chose devrait s'observer par
rapport à ces moyens, qu'on appelle soporifiques

ou somnifères (morphine, chloral, etc.), si ces moyens étaient véritablement *somnifères;* mais l'expérience nous démontre qu'il n'en est pas du tout ainsi : l'emploi souvent répété de ces moyens finit par ôter à l'homme la faculté de s'endormir d'un sommeil normal sans l'aide des moyens narcotiques, et en même temps il devient de plus en plus insensible à leurs effets, de sorte qu'il est forcé d'en augmenter de plus en plus les doses, jusqu'à ne pouvoir plus s'en passer ni dans l'état de veille, ni dans l'état de sommeil; et il est forcé de continuer, quoique chaque dose ne fasse que miner de plus en plus sa santé psychique autant que sa santé physique.

Pour apprécier la valeur d'une conscience normale bien développée par rapport à toute la vie psychique et physique de l'homme, il suffit de voir un seul opiophage ou morphinomane. De pareils sujets nous montrent, sous l'influence d'un hébétement répété de la conscience par des doses successives d'opium ou de morphine, la destruction progressive de toute leur sphère mentale et morale, de toute leur santé physique. Pourquoi? Mais justement parce que l'emploi habituel des moyens narcotiques finit par rendre impossibles d'un côté tout travail actif de la conscience, de l'autre tout sommeil normal, avec tous les actes de la nutrition plastique et de la sanguification qui se font pendant l'état du sommeil normal. En

un mot, il devient évident que *le sommeil narcotique ne peut sous aucun rapport être identifié avec
le sommeil normal et naturel d'un organisme bien
portant.*

De même, la syncope provoque une interruption
temporaire de la conscience; mais il n'y a rien de
commun entre la syncope et le sommeil, car dans
la syncope on observe un arrêt simultané de l'activité cardiaque, de la respiration et de la nutrition plastique. Toute la ressemblance de la
syncope avec le sommeil se réduit à ce que, dans
la syncope, on constate aussi une interruption de
la conscience à cause de l'anémie du cerveau, et
c'est pourquoi on emploie alors avec succès tous
les moyens capables de provoquer l'hypérémie du
cerveau : ainsi, par exemple, il est très utile de
placer les personnes évanouies de telle manière
que la tête soit placée plus bas que le corps, de
leur appliquer des compresses chaudes sur le front
(Notley, Benham), et ainsi de suite.

En résumé, nous avons reconnu que toute interruption de la conscience ne constitue pas encore
le sommeil normal : outre cette interruption et
l'anémie du cerveau, il faut qu'il se développe une
nutrition plastique des plus actives, et, selon toute
apparence aussi, des actes de sanguification, car il
est avéré que le sommeil est d'autant moins nécessaire que le nombre des globules rouges du sang
est plus considérable chez un sujet, et que ces

éléments du sang sont plus forts et plus résistants (Byford, Durham, etc.).

Après en avoir fini avec la question de l'insomnie et de ses causes, nous devons maintenant nous arrêter sur ces états maladifs qui se caractérisent par une tendance excessive au sommeil. Plus haut, nous avons dit que les hommes dont la conscience est faiblement développée dorment beaucoup, justement parce qu'une conscience faible se fatigue très légèrement et très rapidement. Ainsi, par exemple, les petits enfants, les sauvages, les crétins et les gens d'une intelligence inférieure dorment beaucoup et ils s'endorment dès qu'ils se trouvent sans occupations. On ne peut douter que le développement de la conscience ne soit toujours plus ou moins parallèle à celui de l'individualité, c'est-à-dire du *moi* intérieur; il n'y a donc rien d'étonnant à ce que les hommes ayant une volonté ferme et une individualité nettement accusée dorment relativement peu.

Pour se rendre compte à quel point la conscience est faiblement développée chez les crétins, il suffit, par exemple, de se rappeler que souvent l'expression de leur visage ne correspond pas du tout au sentiment qui les anime et quelquefois même leur physionomie est en opposition directe avec l'état intérieur de leur âme : c'est ainsi qu'on en voit sourire au moment où ils éprouvent de la colère ou de la tristesse, etc. Chez des petits enfants, on remarque aussi quelquefois, mais toujours à un degré moindre que chez les crétins, cette discordance entre l'expression du visage et l'état du monde intérieur; le docteur Shaw a observé la même particularité chez quelques fous.

Ainsi nous avons vu que les personnes ayant une conscience peu développée ont besoin de dormir beaucoup; la même tendance s'observe aussi pendant toutes les maladies qui affaiblissent la conscience.

Après tout ce qui vient d'être dit, nous comprenons pourquoi les malades anémiques sont somnolents, de même que les sujets atteints de leucémie ou de cette maladie étrange qu'on connaît à présent sous le nom de myxœdème; nous le comprenons, parce que, dans tous les états maladifs que nous venons de nommer, la conscience est affaiblie : chez les personnes anémiques ou leucémiques à cause de la condition anormale du sang, et chez les malades myxœdématiques à cause de la formation sur toute la surface de leur corps d'un tissu muqueux, la mucine, qui enveloppe tous les appareils périphériques nerveux, toutes les voies nerveuses et les étouffe, en les isolant de toute une masse d'impressions extérieures. En même temps, chez les malades myxœdématiques, on constate une apathie de plus en plus grande, un alourdissement de plus en plus sensible de toutes les facultés mentales, et cet hébétement de l'intelligence est si marqué, que plusieurs auteurs ont pris cette maladie pour un idiotisme sporadique, c'est-à-dire un idiotisme qui se développe chez des sujets auparavant tout à fait normaux. En outre, le caractère de ces malades se modifie du tout au tout, et par suite aussi leur conscience, et les sujets deviennent de plus en plus somnolents. Dans cette maladie, la circonstance la plus aggravante est certainement celle que nous avons déjà mentionnée et qui consiste en ce que la sensibilité des malades aux impressions du monde extérieur s'émousse considérablement à cause du tissu muqueux qui se forme à toutes les extrémités des appareils nerveux. Il va de soi que l'amoindrissement des impressions venant du monde extérieur doit influer sur la conscience et sur la vie psychique, et consécutivement sur la nutrition de l'organisme en général.

Pour démontrer combien importent les impressions venant du dehors ou, pour parler plus correctement, la quantité des impressions du monde ambiant pour maintenir notre conscience en état de veille, en état d'activité, nous pouvons citer ici le cas décrit par le professeur Strümpell : un garçon en apprentissage chez un cordonnier, et qui était aveugle d'un œil et sourd d'un oreille, était atteint d'une anesthésie générale de toute la surface de sa peau, c'est-à-dire que la sensibilité de sa peau était anéantie complètement. On n'avait qu'à lui fermer l'œil normal et à lui boucher la bonne oreille, et deux ou trois minutes après, il s'endormait d'un sommeil profond. Pourquoi s'endormait-il? Mais justement parce qu'il ne recevait aucune impression du monde extérieur; et en même temps, par le degré de son développement mental, il se trouvait placé si bas, le domaine de son monde psychique était si pauvre, si limité, qu'il ne pouvait pas trouver dans son âme un nombre suffisant de représentations et d'idées pour procurer à sa conscience les matériaux nécessaires à son activité.

Pour comprendre toute l'importance des sensations qui nous arrivent par l'intermédiaire de nos organes des sens pour le développement de notre conscience et en général de notre système nerveux central, il suffit de se rappeler, par exemple, que les recherches de Lombroso ont établi que la sensibilité en général est d'autant plus fine et plus développée, que le sujet donné se montre plus intelligent. Le même fait a été prouvé par les observations de M. Itard, lesquelles démontrent que les sourds-muets ne peuvent jamais atteindre au même degré d'intelligence que les sujets tout à fait normaux, que leurs sentiments demeurent toujours plus alourdis, et chose encore plus intéressante, que l'hébétement provoqué chez les sourds-muets par l'absence de tous les sensations de l'ouïe et de la parole elle-même, se reflète aussi sur leurs organes des sens normaux ; ainsi, par exemple, ils sont beaucoup moins sensibles aux différentes impressions pénibles, et supportent très facilement des opérations aussi douloureuses que l'extirpation d'ongles incarnés, le redressement d'os cassés, etc.

De notre point de vue, tout cela se comprend sans peine, car là où la conscience est faiblement développée, les sensations douloureuses doivent être faiblement ressenties. Il n'est pas aussi aisé de s'expliquer pourquoi on observe, avec cet hébétement général, une impressionnabilité beaucoup plus faible envers l'action des différents médicaments ; cependant, des observations directes ont déjà démontré que l'organisme des sourds-muets, par exemple, ne réagit pas du tout aux doses ordinaires des laxatifs les plus forts. D'autres observations ont établi, à ce qu'il paraît, que les aveugles se caractérisent aussi par un certain hébétement du système nerveux central ; et parallèlement à cette diminution de la vie consciente, nous voyons que l'échange des matières s'accomplit chez eux beaucoup plus lentement. Ce ralentissement de l'échange nutritif des matières est assez considérable pour qu'un animal aveugle perde beaucoup moins de son poids pendant l'inanition qu'un animal clairvoyant.

Il va de soi que les sourds-muets ainsi que les aveugles ont, en moyenne, bien plus besoin de sommeil que les sujets tout à fait normaux; mais cette question, comme celle de l'échange nutritif des matières chez les hommes privés de tel ou tel organe des sens, exige encore des investigations soigneuses et détaillées pour être définitivement résolue. En tout cas, les expériences, faites sur des animaux laissés sans nourriture, ont démontré que, pendant l'inanition, les animaux perdent de leur poids beaucoup moins la nuit que le jour; et cette différence a été remarquée même dans les cas où les sujets étaient placés, le jour comme la nuit, au sein de l'obscurité, dans des boîtes de fer-blanc fermées par des couvercles du même métal. Dans ces expériences, les boîtes étaient arrangées de telle manière, que les animaux soumis à l'inanition ne pouvaient pas faire beaucoup de mouvements et encore prenait on pour sujets des lapins, c'est-à-dire des animaux qui ont l'habitude de veiller pendant la nuit : par conséquent la différence constatée dans la perte du poids devait provenir de ce que, pendant la nuit, les sujets recevaient moins d'impressions extérieures que pendant le jour, alors que tout le monde vaquait à ses affaires, et que le bruit, le vacarme de la vie quotidienne pouvait arriver jusqu'aux animaux enfermés dans les boîtes de fer-blanc. Le sommeil était donc pour rien dans ces expériences. (Wjatcheslaw Manaceïne).

Il est aussi reconnu qu'une inanition prolongée fait apparaitre une somnolence plus ou moins marquée, et nous arrivons ainsi à la conclusion que la tendance au sommeil est augmentée et renforcée dans toutes les maladies où il se développe, sous l'influence de telles ou telles causes, un hébétement ou un affaiblissement de la conscience ; et il est tout à fait indifférent que cette diminution de la conscience dépende d'une composition anormale du sang (anémie ou leucémie), ou de l'anéantissement de la sensibilité, ou de la destruction de quelques organes des sens, ou d'un affaiblissement et d'un épuisement général de l'organisme animal par suite de maladies graves ou d'une nutrition insuffisante.

La tendance au sommeil peut être si forte dans quelques cas, que les animaux et les hommes s'endorment pour plusieurs jours, plusieurs semaines, et même plusieurs mois. Parmi les animaux on rencontre des hibernations et des sommeils d'été. Les sommeils d'hiver ou hibernations s'observent chez les mammifères à sang chaud, par exemple parmi les chauves-souris, les marmottes, les hérissons, etc., qui s'endorment au commencement des

froids et se réveillent au retour du printemps.
L'hibernation commence chez eux dès que la température de l'air extérieur descend jusqu'à $+5°$ et $-8°$;
l'animal perd de sa chaleur d'une façon marquée,
quoique la température de son corps reste toujours
un peu supérieure à celle de l'air ambiant. L'échange
des matières pendant le sommeil hibernal diminue fortement, et en même temps on observe un
ralentissement de la respiration et de la pulsation
cardiaque, ainsi qu'une sorte d'immobilité musculaire, une sorte de rigidité. Quand on transporte
des animaux en état d'hibernation dans une chambre chaude, ils se réveillent et la température de
leur corps s'élève rapidement (Saissy, Horwath,
Quinke, etc.).

Le phénomène de l'hibernation a donné lieu à
des observations assez nombreuses, mais sa nature
essentielle reste encore mal expliquée ; quelques
auteurs (Blandet) considèrent le sommeil hibernal
comme le vestige d'une époque bien lointaine,
d'une époque où les hivers étaient, sur notre pla-
nète, si sévères et si rigoureux que les animaux
tombaient involontairement dans un sommeil
hibernal parce que c'était là leur seule chance
de survivre aux froids de l'hiver ; puis à mesure
que le climat s'adoucissait, le sommeil hibernal
devait devenir de plus en plus rare, d'après l'opinion de ces auteurs, jusqu'à disparaître finalement
un jour sur la surface de la terre.

Il est à remarquer, que, parmi les marmottes et probablement aussi parmi les hérissons, il existe des différences individuelles quant à l'hibernation, c'est-à-dire que les uns dorment beaucoup plus longtemps et beaucoup plus profondément que les autres ; même chez les marmottes, on peut rencontrer des sujets qui ne se livrent pas au sommeil hibernal, du moins quand ils vivent en captivité. Il est évident que ces différences découlent de celle qui existe dans leur organisation névro-cérébrale. Nous arrivons ainsi à la conclusion, que, parmi les marmottes, le développement de la vie cérébrale consciente doit varier de l'une à l'autre, c'est-à-dire qu'il est à supposer que, parmi ces animaux, on rencontre aussi des esprits forts, pour ainsi dire.

Quant au sommeil d'été, il s'observe dans les pays chauds sur les animaux à sang froid, parce qu'ils ne peuvent pas supporter la température très élevée du milieu ambiant (Pflüger) ; pendant ce sommeil d'été le système musculaire se trouve dans un état tout particulier, assez analogue à la rigidité. Autant que je sache, on n'a pas encore fait d'observations sur l'échange des matières chez les animaux plongés dans le sommeil d'été.

Avant de revenir à la question du sommeil prolongé chez les hommes, nous devons nous arrêter quelque temps sur le point suivant : Comment s'expliquer le fait que des influences tout opposées, comme le sont le froid rigoureux d'un hiver sévère et la chaleur étouffante de l'été tropical, puissent occasionner le même résultat, c'est-à-dire une somnolence exagérée, un sommeil prolongé? Si encore l'influence somnifère de l'hiver se manifestait exclusivement sur les animaux à sang chaud, et l'influence somnifère de la chaleur exclusivement sur les animaux à sang froid, nous n'aurions nul besoin d'insister là-dessus, car on pourrait alors supposer que l'influence du froid et de la chaleur dépend des qualités spéciales de l'organisation des animaux à sang chaud d'un côté, et des animaux à sang froid de l'autre. Cependant la question n'est pas aussi simple à résoudre et chacun de nous a sans doute eu l'occasion de ressentir sur lui-même l'action somnifère du froid autant que de la chaleur. Comment donc s'expliquer cette contradiction apparente? A parler strictement, il n'y a aucune contradiction dans ce fait, parce que le froid et la chaleur agissent de la même façon en provoquant une dilatation des vaisseaux sanguins périphériques de la peau et par conséquent un afflux de sang dans ces vaisseaux. Chacun peut facilement reconnaître la vérité de ce fait, en se rappelant que les parties les plus découvertes et les moins protégées de notre corps, c'est-à-dire les mains et le visage, rougissent fortement sous l'influence de la chaleur comme sous l'influence du froid rigoureux. Il va de soi que, si les vaisseaux sanguins de la surface de notre corps se dilatent, il doit en résulter un moindre afflux de sang vers le cerveau et par conséquent une somnolence plus ou moins grande, celle-ci étant provoquée par l'anémie du cerveau : et c'est tout naturel, puisque toute diminution de la quantité de sang qui circule dans notre cerveau affaiblit notre conscience, laquelle devient par cela même incapable de toute activité, de tout travail.

* *

Nous devons maintenant consacrer quelques instants à la question du sommeil prolongé et anormal chez les hommes, c'est-à-dire à la question de la narcolepsie. Ce sommeil prolongé et anormal se rencontre pour la plupart sous la forme de cas isolés ; mais quelquefois aussi il s'observe sous la forme d'une maladie endémique, c'est-à-dire qui prédomine dans certaines contrées. Ainsi, par exemple, dans l'Afrique occidentale, la narcolepsie sévit endémiquement parmi les habitants et presque tous les cas finissent par la mort ou par la folie. D'après les observations des médecins anglais (Mason Hood, Fergusson, Gore), les accès de cet étrange sommeil pathologique se manifestent ordinairement après un travail fatigant et prolongé, qui a épuisé les forces du sujet. Le résultat reste le même, qu'il s'agisse d'un travail physique, ou d'un travail mental. De plus on a remarqué que ce sommeil prolongé se rencontre bien souvent chez les hommes dont l'activité mentale est faible et irrégulière et dont la conscience est, par suite, peu développée. Les aborigènes ont observé que ce sommeil prolongé se manifeste chez des sujets ayant des glandes lymphatiques agrandies, et ils ont pris l'habitude de les traiter par l'excision des glandes lymphatiques tuméfiées : cette opération est même considérée chez eux comme un moyen prophylactique contre cette maladie. Dans les cas mortels de la narcolepsie africaine, le docteur Fergusson a reconnu que le cerveau était anémique et considérablement endurci.

En Europe, les narcolepsies consistent ordinairement en un sommeil irrésistible, qui se développe quelquefois par suite d'une perte considérable de sang, ou d'une émotion pénible, ou d'une fatigue excessive, etc. ; mais parfois aussi il se manifeste sans aucune cause appréciable. Un pareil sommeil anormal dure pendant plusieurs jours, plusieurs semaines et même pendant plusieurs mois de suite. La plupart du temps, il est impossible d'éveiller les sujets ainsi endormis : y réussit-on, ce n'est pas pour longtemps, car le sommeil pathologique les reprend aussitôt. L'échange nutritif des matières est évidemment affaibli pendant la narcolepsie des hommes au même degré que chez les animaux en état d'hibernation : on peut formuler cette conclusion, parce que les hommes plongés dans un sommeil prolongé et pathologique n'ont besoin ni de nourriture, ni de boisson ; mais si on leur verse quelque nourriture liquide dans la bouche, ils l'avalent très facilement. Cet affaiblissement de l'échange des matières est en outre démontré par les expériences faites à Berlin sur une malade qui dormit sans s'éveiller pendant 40 jours ; pendant ce sommeil anormal, on constata chez elle un amoindrissement considérable dans la quantité journalière de l'urée secrétée (cette quantité était tombée à un tiers de la quantité normale) ; le sang de la malade présentait un épaississement très notable et, par suite, la quantité d'hémoglobine était relativement plus grande.

La sensibilité est ordinairement affaiblie pendant un sommeil pareil et cet affaiblissement s'observe pour toutes les formes de la sensibilité en général. Les sujets plongés dans un sommeil pareil, d'une durée anormalement longue, n'ont presque jamais de songes et, en se réveillant, ne se rappellent rien de ce qu'ils ont ressenti pendant leur sommeil : leur conscience s'est interrompue juste au moment où ils se sont endormis, de sorte qu'ils ne peuvent pas comprendre qu'ils ont dormi des semaines ou des mois. Le visage de ces malades est ordinairement pâle pendant ce sommeil étrange ; en outre, une observation ophthalmoscopique faite en 1891 à Londres sur les yeux d'un homme qui a dormi sans interruption pendant 17 jours, a démontré que tous les vaisseaux de la rétine, c'est-à-dire les veines et les artères, étaient rétrécis excessivement (Burdenell, Carter).

Chez la plupart de ces dormeurs pathologiques, on observe un état cataleptique plus ou moins prononcé, qui donne à leurs muscles une certaine rigidité, de sorte que le sommeil prolongé des hommes présente, sous ce rapport, une analogie complète avec le sommeil hibernal des animaux. Dans les cas où cette narcolepsie (Lasègue) est peu accusée, elle dure seulement quelques minutes, et alors les sujets s'endorment debout, ou assis avec un ouvrage dans les mains; quelques-uns même s'endorment pendant une marche (Burns).

Avec ces accès de sommeil pathologique, on doit grouper aussi les accès du petit mal, qui consiste en des interruptions plus ou moins fugaces de la conscience. Ce petit mal se manifeste chez les sujets au milieu des occupations les plus diverses; très souvent cela leur prend pendant qu'ils parlent, et alors ils interrompent leur phrase souvent à la moitié d'un mot; puis, l'accès fini, ils l'achèvent, sans même se douter de ce qui leur est arrivé. Le fait suivant offre un intérêt spécial : des interruptions pareilles de l'activité consciente chez les sujets souffrant du petit mal s'observent seulement dans les cas où les malades, au début de l'accès, sont occupés à quelque travail exigeant une participation active de la conscience ; au contraire, si l'accès du petit mal survient pendant que les malades vaquent à une besogne habituelle, susceptible d'être accomplie sans le secours de la conscience, l'accès n'arrête nullement le travail, qui se poursuit sans interruption. Ainsi, par exemple, on a observé des cas où des artistes violonistes continuaient à jouer leur partie dans l'orchestre, sans faire de fautes et sans perdre la mesure, quoique leur conscience fût interrompue par un accès du petit mal épileptique (Ribot). D'un autre côté, on n'a jamais pu voir de ces malades, pendant l'accès du petit mal qui anéantissait temporairement leur conscience, poursuivre une conversation ou un récit commencés. Ce fait démontre on ne peut plus clairement qu'entre la conscience et la parole humaine doit exister un lien intime et indissoluble ; et comme, sans la conscience, on ne peut pas se servir de la parole humaine pour exprimer ses différentes pensées, chaque accès du petit mal épileptique interrompt toujours la parole du sujet.

Au même groupe doit se rattacher la catalepsie, qui sévit endémiquement depuis plusieurs années à Billinghausen près de Würzbourg, et qui a été décrite par le docteur Vogt. La moitié des habitants y souffrent des accès de catalepsie, qui durent chez eux seulement quelques minutes, pendant lesquelles leur visage pâlit d'une façon intense,

leurs membres deviennent immobiles, leur conscience, si elle ne s'abolit tout à fait, s'obscurcit
cependant plus ou moins et leur parole s'em-
barrasse. Les accès de cette maladie se manifestent en tout temps et ils figent le malade dans la
position où il a été surpris. Tous les sujets se distinguent par un développement très faible des forces physiques et intellectuelles. Cette maladie se
transmet par hérédité, non pas directement des parents à leurs enfants, mais d'une manière atavi-
que, c'est-à-dire par des sauts, de sorte qu'une génération reste toujours intacte, et la maladie passe
des grands-parents à leurs petits-fils et petites-filles.
Le peuple appelle les personnes atteintes de cette
maladie cataleptique, des « rigides » (die Starren).

* *

Il n'est pas inutile de remarquer ici que des
dérangements sérieux de la conscience, son hébétement ou son affaiblissement, retentissent toujours sur le système musculaire de l'homme ;
ainsi, par exemple, il est avéré que les idiots se
caractérisent par une plus ou moins grande mala-
dresse des mouvements (Ireland ; le psychiatre
anglais Maudsley dit qu'un médecin habile sait
reconnaître l'idiotisme, rien qu'aux différents mouvements des malades, et il ajoute qu'il peut lui-
même diagnostiquer la présence d'autres affections

psychiques par la seule observation des mouvements. En même temps, plusieurs autres auteurs (Bruno, Meyer) ont remarqué que les qualités psychiques grossières et vulgaires se reflètent toujours dans les mouvements, et c'est ainsi qu'un visage aux traits réguliers et beaux peut devenir désagréable et repoussant, dès que de sa mimique reflète une âme vulgaire et brutale, et au contraire des traits irréguliers et laids peuvent nous charmer, si le jeu de leur mimique nous révèle une âme noble et belle.

Après tout ce qui vient d'être dit, il est aisé de comprendre que si les accès du petit mal épileptique n'apportent point de trouble dans des mouvements aussi fins que ceux qui sont nécessaires pour jouer du violon, c'est seulement parce que ces accès durent très peu de temps, et par suite ne peuvent pas occasionner des dérangements sérieux dans la conscience.

Un point à noter tout particulièrement au sujet de la narcolepsie ou sommeil pathologique chez les hommes, c'est que toutes les personnes, qui deviennent la proie de cette maladie, appartiennent toujours aux couches inférieures, peu développées de la société, ou à des familles dans lesquelles il existe des maladies nerveuses et mentales héréditaires. C'est tout naturel, car pour que la narcolepsie puisse se déclarer, il est nécessaire avant tout que la conscience soit excessivement faible et instable.

Très souvent les sujets de cette catégorie présentent toute une série d'accès narcoleptiques, qui se répètent plus ou moins souvent, et qui ont une tendance bien prononcée à s'aggraver de plus en plus à chaque répétition. Avant les accès, les malades disent quelquefois eux-mêmes qu'ils se sentent en quelque sorte hébétés, stupides, comme cela a été observé dans un cas décrit par le docteur Ward Cousins.

Parfois, la narcolepsie se développe après une émotion violente (le cas de Barker, le cas décrit par Imbert, etc.). Ainsi, par exemple, la littérature médicale cite des cas de narcolepsie développée sous l'influence du chagrin occasionné par la mort d'un être aimé ou par la perte d'un héritage. A ce point de vue, un intérêt tout spécial s'attache au cas de Napoléon Ier après la bataille d'Aspern. Chacun sait que la bataille d'Aspern était la première bataille perdue par le grand Empereur après dix-sept batailles victorieuses ; et cette perte l'avait tellement abattu qu'il ressentit une somnolence incoërcible et qu'il dormit trente-six heures sans s'éveiller, si bien que les personnes de sa suite éprouvaient déjà une vive inquiétude pour sa vie. On sait aussi que Napoléon Ier dormait en général très peu, pas plus de quatre à cinq heures, et qu'il se distinguait par une conscience fortement développée, et par là il est aisé de comprendre à quel degré la perte d'une bataille devait ébranler toute son âme, pour que sa forte conscience fût complètement abattue et qu'il tombât dans un sommeil de trente-six heures !

Dans d'autres cas, les narcolepsies se déclarent après une grande fatigue physique, comme par exemple après des danses passionnées (Haller). Notre illustre clinicien Serge Botkine nous a personnellement raconté qu'il a eu l'occasion d'observer, à Saint-Pétersbourg, trois cas de narcolepsie. Deux des malades étaient des jeunes filles ; l'une s'endormit après un bal et il fut absolument impossible de l'éveiller ; l'autre fut traitée avec succès par l'électricité ; mais le rétablissement n'a pas duré longtemps ; après quelque temps les accès de narcolepsie ont reparu et ils ont continué à se répéter. La troisième malade était une vieille femme, et son cas présentait une complète analogie avec celui du mathématicien Moivre, que nous avons déjà cité plus haut. Une observation du xvie siècle présente aussi beaucoup d'intérêt, car la narcolepsie se développa à la suite d'une veille prolongée et se termina par la mort. Dans un autre cas, une jeune fille ayant perdu son chemin dans une forêt, se fatigua beaucoup à le retrouver ; en revenant à la maison, elle s'endormit d'un étrange sommeil, dont il fut impossible de la tirer.

Dans les cas de narcolepsie où le sommeil devient assez profond pour constituer un danger,

la respiration et la pulsation cardiaque se ralen-
tissent à un tel degré qu'une observation super-
ficielle ne permet pas toujours de les remarquer,
comme il est arrivé dans un cas décrit par Schaber.
Le malade était un soldat qui, depuis l'âge de
douze ans, souffrait de la narcolepsie : à l'âge de
vingt-deux ans, il en eut un accès qui dura sept
jours et dont il faillit mourir ; mais on le sauva au
moyen de la chaleur, du massage et de la respiration artificielle. Au commencement du XIX° siècle,
de pareils accès se terminaient par la mort beaucoup plus souvent qu'aujourd'hui, car la thérapeutique de l'époque saignait les malades de
cette catégorie sans trop les étudier, et par là
aggravait encore leur position, accélérait plus ou
moins leur mort.

Pour donner aux lecteurs une notion plus claire
de cette singulière maladie, je m'arrêterai un peu
plus longtemps sur la description d'un cas de narcolepsie. Le malade avait quarante-trois ans, quand
il commença à présenter les symptômes d'un dérangement psychique avec des idées de persécution ;
après un laps de temps plus ou moins long, il se
rétablit, mais tout travail intellectuel lui était
devenu impossible ; même la simple lecture le
fatiguait tout de suite ; il dormait d'un mauvais
sommeil. Sur ces entrefaites, le malade commença

à se plaindre d'une lourdeur dans la tête ; aux
questions qu'on lui posait, il ne répondait que par
des monosyllabes ; puis il tomba dans un sommeil qui dura 221 jours. On le traita par l'électrisation et on constata que son pouls s'accélérait
sous cette influence ; mais, malgré ce traitement,
les accès se répétaient de plus en plus souvent,
quoique plusieurs d'entre eux ne durassent guère
que quatre jours. Outre l'électrisation, on essaya
des douches ; mais ces dernières restaient sans
action. Dans les intervalles des accès, le malade
prenait tranquillement un livre et il continuait sa
lecture juste où elle avait été interrompue par
l'accès ; et cela malgré que cette interruption eût
duré souvent un mois ou même un mois et demi.
Avant son dernier accès de narcolepsie, qui dura
plus longtemps que tous les autres et qui se termina
par la mort, le malade s'était livré à un travail
cérébral tout à fait exceptionnel par son énergie :
il s'occupait de physique et de physiologie. Ce dernier accès dura plus d'un an, c'est-à-dire du
10 avril 1882 jusqu'au 19 juillet 1883, en tout
465 jours ; à l'autopsie du malade on constata un
processus nécrobiotique dans le cerveau. Pendant
les huit dernières années de sa vie, il avait dormi
pendant 1698 jours, soit plus de quatre ans et demi
sur huit. Il faut remarquer que le malade apparte-
nait à une famille où il existait une prédisposition
héréditaire aux maladies mentales. Comme nous

l'avons déjà mentionné plus haut, on n'observe pas de rêves pendant le sommeil narcoleptique et ce malade n'en avait jamais eu.

Dans le cas que nous venons de décrire, l'électricité est apparue comme le moyen le plus sûr de réveiller le malade ; et comme nous avons vu plus haut que, dans les cas d'insomnie, c'est-à-dire dans l'état diamétralement opposé à la narcolepsie, l'électrisation a de même donné de bons résultats, il est évident que dans les deux cas l'action de l'électricité se réduit à une gymnastique passive, pour ainsi dire, des vaisseaux sanguins. Cette gymnastique passive des vaisseaux améliore le tonus des parois vasculaires et par cela même elle peut, avec le même succès, prévenir aussi bien la dilatation demi-paralytique, que la contraction spasmodique des vaisseaux cérébraux.

Que notre explication de l'influence salutaire exercée par l'électrisation sur la narcolepsie soit juste, nous en voyons une preuve, entre autres, dans ce fait bien connu, que le massage du corps a produit plusieurs fois de bons effets dans le traitement de la narcolepsie. Plus haut, nous avons mentionné le cas décrit par le docteur Schaber, dans lequel un jeune homme de vingt-deux ans a pu être réveillé d'une narcolepsie profonde et sauvé de la mort par un massage énergique de tout le corps.

Dans ces derniers temps, on a fait des observations en Angleterre sur un homme qui, pendant quinze ans, avait manifesté une grande tendance à sommeiller et enfin, dans les deux dernières années, avait commencé à subir des accès d'une véritable narcolepsie. Ces accès apparaissaient chez lui subitement, et même au milieu des occupations qui l'intéressaient le plus; ainsi, par exemple, il s'endormait pendant qu'il jouait aux cartes. Une fois l'accès le prit juste au moment où il sonnait à la porte d'une maison et attendait qu'on lui en ouvrît la porte. Nul traitement ne lui faisait du bien, et le malade s'affaiblissait de plus en plus, jusqu'à ce que le docteur Morrison eût employé le massage, dont l'action fit disparaître la narcolepsie complètement. Cette influence du massage confirme pleinement notre supposition, que l'électrisation n'agit que grâce à ce qu'elle provoque la contraction des différents groupes musculaires, et qu'elle constitue ainsi une sorte de gymnastique passive.

Le même effet bienfaisant de l'électrisation a été observé aussi dans d'autres cas de narcolepsie, par exemple dans ceux étudiés par Elzé, Botkine et Hufeland: en présence de ces faits, nous ne pouvons nous empêcher d'établir une analogie entre la narcolepsie des hommes et le sommeil hibernal des animaux parce que, d'après les observations de Valentin, le moyen le plus sûr d'éveiller les animaux plongés dans un sommeil hibernal est justement l'emploi de l'électricité. Nous avons vu aussi que, chez les animaux autant que chez les hommes, l'échange nutritif des matières est affaibli pendant le sommeil hibernal ou narcoleptique ; leur respiration et les battements de leur cœur sont ralentis, la température de leur corps est abaissée d'une manière évidente et dans les deux cas on peut remarquer dans les muscles des phénomènes cataleptiques plus ou moins accentués. Chez les hommes, pendant le sommeil narcoleptique, on remarque ou un affaiblissement notable du besoin de nourriture et de boissons, ou son abolition complète : par conséquent le sommeil pathologique des hommes ressemble aussi sous ce rapport au sommeil hibernal des animaux.

Enfin, nous ne pouvons passer sous silence le fait suivant, qui s'impose à notre attention, à savoir que le sommeil hibernal s'observe seulement chez les animaux que l'organisation de leur système nerveux central place à un degré plus ou moins bas de l'échelle du développement du règne animal, et que, parmi les hommes, la narcolepsie se rencontre aussi chez les personnes ou appartenant à des familles qui ont une prédisposition héréditaire aux maladies mentales et nerveuses, ou peu intelligentes, ou hystériques, c'est-à-dire chez des personnes dont la conscience est altérée par la maladie ou peu développée et par conséquent faible.

*
* *

Une fois établie notre proposition, « que le sommeil n'est que l'arrêt de la conscience », on doit observer, pendant le sommeil, un renforcement de ces phénomènes qui sont ordinairement réprimés et maîtrisés par la vie cérébrale consciente. Tels sont en effet les phénomènes des différents mouvements réflexes, qui deviennent plus forts toutes les fois que s'interrompt l'activité cérébrale, que cette interruption provienne d'ailleurs d'une affection pathologique sous forme de tumeur, d'une hémorragie cérébrale, ou d'une extirpation expérimentale des deux hémisphères cérébraux.

Si notre explication de la nature du sommeil est juste, et si l'activité consciente est vraiment interrompue, arrêtée pendant le sommeil, les mouvements réflexes doivent se manifester plus forts, plus intenses dans les extrémités paralysées, c'est-à-dire dans les extrémités soustraites à l'influence des impulsions conscientes de la volonté. Les observations de cette nature comportent cependant des difficultés si considérables, que le nombre en demeure jusqu'ici insignifiant ; mais des faits déjà étudiés, on peut certainement conclure à une augmentation des mouvements réflexes pendant le sommeil.

Ainsi, par exemple, Marshall Hall a remarqué

que les actes réflexes s'accentuent dans les extrémités paralysées, et d'un autre côté que le plus
léger attouchement à un animal hibernant suffit
pour la production d'un mouvement réflexe. La
même chose a été constatée par Barlow, qui, par
des expériences directes faites sur des animaux
hibernants, a reconnu qu'on peut provoquer chez
eux des mouvements réflexes au moyen de courants galvaniques si faibles, qu'ils ne donnaient
aucune trace de réaction chez des animaux
éveillés.

Il a été aussi démontré que les accès des
différentes maladies spasmodiques et convulsives se déclarent très souvent pendant le sommeil
normal; on sait, par exemple, que les convulsions apparaissent chez les enfants pour la plupart pendant la nuit, au milieu de leur sommeil.

Tels encore les accès d'épilepsie et les paro-
xysmes asthmatiques (Welsh). D'un autre côté, il
est reconnu que les petits enfants et les crétins se
caractérisent par une tendance marquée aux maladies convulsives (Maudsley), aux accès convulsifs,
et, d'après la remarque très juste du docteur
Weiss, cette tendance ne peut être expliquée que
par l'état peu développé du système nerveux central, par la faiblesse de la volonté, et comme toute
volonté, toute inhibition des mouvements réflexes
sont impossibles en l'absence de la conscience,

nous nous voyons obligés de conclure que les convulsions se déclarent souvent chez les enfants et les crétins, justement à cause du faible développement de leur conscience.

Les observations du docteur Anstie ont démontré que tous les moyens dits hypnotiques ou narcotiques accentuent le côté réflexe de l'homme, et ce fait ne saurait nous étonner, puisque nous avons reconnu plus haut que tous les moyens narcotiques ont, dans leur action, un point de commun avec le sommeil normal : de même que ce dernier, ils occasionnent une interruption temporaire de la conscience. Nous arrivons ainsi à la conclusion, que, pendant le sommeil, les actes réflexes s'accentuent, et que les différentes maladies convulsives se développent d'autant plus facilement que la conscience est plus faible : au contraire, plus la conscience d'un sujet est forte et développée, plus il est réfractaire à ces mêmes maladies.

Ce qui prouve encore la justesse de cette théorie, ce sont les observations dernièrement publiées par le docteur Mackenzie sur la chorée ou danse de Saint-Guy : elles ont démontré que les cas de cette maladie convulsive se rencontrent beaucoup plus souvent parmi les couches inférieures de la société, dont l'activité cérébrale est en général faiblement consciente. D'après ces observations, sur 100 cas de chorée, on n'en trouve que 2,79 parmi les classes supérieures, et 26,74 p. 100 parmi les classes

moyennes, tandis que parmi les classes inférieures,
parmi le peuple on en rencontre 70,46. Ces chiffres
sont des plus significatifs !

Du moment que tout affaiblissement, et surtout
toute interruption de l'activité cérébrale consciente
conduit à un renforcement des phénomènes réflexes dans un organisme donné, nous comprenons
pourquoi, par exemple, une toux devient surtout
fatigante et désagréable pendant la nuit, pourquoi elle commence à nous tourmenter chaque
fois que nous nous trouvons juste sur le point de
nous endormir. Le mouvement de la toux est un
mouvement purement réflexe et comme tel il doit
naturellement s'accentuer pendant le sommeil,
c'est-à-dire pendant l'arrêt de la conscience.

Ce qu'il faut encore ajouter, c'est que les maladies convulsives ne sont pas toujours occasionnées
par des mouvements purement réflexes ; quelques-
unes proviennent évidemment de ce que l'équilibre
entre les muscles antagonistes est anéanti, et
cependant cet équilibre est absolument nécessaire
pour assurer l'activité régulière et normale de tout
le système musculaire. Ainsi, nous voyons que
certaines contractures spasmodiques des extrémités
et les mouvements spasmodiques des différents
muscles (*paralysis agitans*, différents tics moteurs, etc.) disparaissent pendant un sommeil
profond ; mais, en revanche, toutes les maladies
convulsives d'origine réflexe doivent présenter et

présentent en effet une recrudescence pendant le sommeil, de même que pendant tout autre arrêt temporaire de la conscience. Sous ce rapport, il convient de remarquer que les accès de ces convulsions réflexes sont toujours accompagnés d'un arrêt de la conscience dans les cas où ils se développent à l'état de veille, comme il arrive, par exemple, de la grande épilepsie, de l'éclampsie, et ainsi de suite.

*
* *

Nous avons dû plus d'une fois parler des arrêts, des interruptions, des divisions de la conscience humaine; nous avons dû démontrer qu'un homme, si longtemps qu'il demeure plongé dans la narcolepsie, continue néanmoins, lorsqu'il se réveille, à rattacher sa vie consciente au moment précis où il a été pris par le sommeil pathologique. Dans la section consacrée à la physiologie du sommeil, nous avons déjà vu que, de toutes les diverses facultés de notre âme, la conscience seule a besoin d'un repos complet, pendant lequel toute activité consciente est interrompue. Nous avons vu aussi que toutes les fois qu'elle se trouve divisée, pendant les maladies mentales, c'est-à-dire quand son unité est détruite, la conscience cesse de se fatiguer et, par conséquent, la nécessité du sommeil disparaît aussi. En nous fondant sur tous ces faits, nous arrivons nécessairement à la conclusion, que toute activité normale de la conscience nécessite le travail simultané de tous les éléments qui entrent dans la composition de son *substratum* anatomique. Puis, en analysant le caractère de notre conscience, nous reconnaissons qu'elle se distingue par une activité bien plus continue que toutes les autres facultés de notre âme, car nos jugements, nos associations d'idées et de représentations, nos sentiments, nos désirs et tout le travail de notre volonté, en un mot toutes les formes de notre activité psychique se caractérisent par une périodicité bien marquée, et qui se montre encore variable suivant les particularités individuelles de chaque personne. Il va de soi que, si notre conscience est presque continuellement active dans toutes les parties de son substratum anatomique, elle doit se fatiguer nécessairement et, par suite, elle doit avoir nécessairement besoin de repos, c'est-à-dire de sommeil. D'un autre côté, une activité aussi intense et continue doit nécessairement s'accompagner d'une circulation exceptionnellement active, d'un échange gazeux des plus accentués, et sous ce rapport les exigences de l'activité cérébrale consciente doivent être si considérables, que tous les processus de la reconstitution et de la nutrition plastique du cerveau sont affaiblis pendant l'exercice de la conscience. De ce point de vue, il est aisé de comprendre pourquoi les insomnies absolues agissent d'une manière beau-

coup plus nuisible que l'inanition complète, pourquoi aussi un sommeil léger et souvent interrompu
exerce une influence on ne peut plus pernicieuse
sur la santé de l'organisme humain.

Pour démontrer l'activité continue, ininterrom-
pue de la conscience dans toutes les parties de
son substratum anatomique, nous rappellerons
aux lecteurs ces cas bien connus où un homme,
profondément occupé d'une pensée, ou de quelque
besogne, n'entend ni la pendule qui sonne les heures, ni les paroles qu'on lui adresse; mais après,
en s'arrachant à l'occupation qui l'avait absorbé,
il entend rétrospectivement, pour ainsi dire, les
sons qui ont déjà disparu dans l'espace, mais qui
ont été conservés par sa conscience toujours en
éveil. Le professeur Henle a démontré qu'une telle
reproduction rétrospective des sons, évanouis depuis longtemps et que la conscience n'avait pas
perçus sur le coup, peut se faire même après vingt-
quatre heures, c'est-à-dire le jour suivant.

Au premier coup d'œil, il peut certainement
sembler que les cas cités tout à l'heure prouvent
principalement la possibilité de la perception sans
conscience; mais ce n'est pas exact. Il suffit d'analyser avec attention les faits de ce genre, que
chacun de nous peut observer sur soi-même, pour
se convaincre que, dans les cas de cet ordre, il
n'est pas absolument juste de dire que nous n'entendons pas les sons de la pendule, de la mélodie

jouée ou des paroles qui nous sont adressées, car nous les entendons tous, seulement, nous ne prenons pas le temps de nous arrêter sur ces sensations perçues pour les analyser, nous les laissons, pour ainsi dire, volontairement de côté pour quelque temps, c'est-à-dire jusqu'au moment où nous aurons fini le travail mental commencé auparavant.

Pour se convaincre que les choses se passent bien ainsi, il suffit de se rappeler que, chaque fois que nous nous mettons à un travail absorbant avec l'idée qu'il nous est nécessaire d'ouïr le son de la pendule ou d'autres sons déterminés, nous les entendons toujours malgré notre absorption la plus complète, et nous interrompons tout de suite notre travail, dès que les bruits attendus résonnent.

C'est ce qui arrive souvent aux personnes qui se consacrent à soigner des malades. Pour se défendre contre le sommeil, au milieu du silence profond qui règne dans la chambre du malade, on prend alors un livre intéressant, mais tout en s'absorbant dans la lecture, on se promet d'être attentif aux mouvements du malade, à sa respiration, à ses gémissements; on se promet aussi de surveiller la montre, pour ne pas laisser passer le moment de donner la médecine; si palpitant que soit le livre, on ne laisse en effet rien passer; au contraire, chaque mouvement, chaque soupir, même le plus léger, du malade, attire aussitôt l'attention de notre conscience, en nous forçant d'interrompre notre lecture ou autre occupation, si absorbante qu'elle soit.

* *

Tous ces faits nous prouvent que notre conscience est capable de percevoir simultanément des sensations différentes, mais qu'elle peut à volonté laisser de côté l'analyse détaillée de ces sensations jusqu'à un moment plus favorable; et c'est seulement grâce à cette particularité que les sons déjà disparus peuvent ressusciter dans notre conscience et y retentir de nouveau. Au contraire, toutes les impressions qui, pour une raison ou pour une autre, n'ont pu atteindre la région de notre conscience, sont perdues pour nous absolument et pour toujours, sans aucune chance de renaître. Nous devons donc supposer que notre conscience peut concentrer toute son énergie sur une partie quelconque de son domaine; mais qu'en même temps les autres parties de ce domaine ne demeurent pas complètement inactives, qu'elles fonctionnent sous une certaine inhibition ou compression, c'est-à-dire que leur fonction se limite aux actes les plus élémentaires de la perception; quant aux actes plus compliqués et plus hauts de la synthèse, comme, par exemple, les actes de l'association des idées, des jugements, etc., ils font complètement défaut.

Il est aisé de comprendre qu'une pareille inhibition artificielle n'est possible qu'au prix d'une forte tension, d'une discipline énergique dans les différentes parties de la conscience, et c'est pourquoi les hommes dont la conscience est faiblement développée sont absolument impuissants à concentrer leur attention et par conséquent aussi leur conscience sur quoi que ce soit pendant un temps plus ou moins long. Il est avéré, par exemple, que les petits enfants sont d'autant moins capables de fixer leur conscience qu'ils se trouvent dans un âge moins avancé. La même observation s'applique aussi aux sauvages et en général aux hommes d'un développement très inférieur. Mac Cowley nous raconte que les Indiens de la Floride répondaient à ses premières questions sur leur vie, leurs usages, etc.; mais après quelques demandes de ce genre, ils devenaient comme hébétés et ne lui répondaient plus rien, malgré tous ses efforts pour les faire parler. Il était à bout de patience, quand les Indiens se décidèrent enfin à rompre le silence : ils le prièrent de ne pas leur demander tant de choses à la fois, car cela les fatiguait; ils étaient maintenant bien las, si las qu'ils ne pouvaient plus lui répondre, parce qu'il ne leur laissait pas le temps de peser ses questions. Ils ajoutèrent que le mieux serait de les laisser tranquilles pendant un an et de revenir alors : pendant cette année-là, ils pourraient fréquenter l'école et se préparer à lui répondre comme il faut. Ainsi les Indiens désiraient sincèrement satisfaire la curiosité du voyageur, mais leur faible conscience s'épuisait promptement à l'effort de répondre aux premières questions ; puis leur fatigue cérébrale était devenue si complète, qu'elle se reflétait même sur le côté physique des Indiens, de sorte qu'ils avaient l'air paralysés et hébétés pendant quelque temps ; après quoi, leur conscience s'était réveillée, ils avaient pu enfin se rendre compte de leur état et formuler leur prière naïve à Mac Cowley.

Pour établir la justesse de cette assertion, à savoir que toute concentration de la conscience entraîne nécessairement une dépense plus ou moins grande d'énergie cérébrale, nous pouvons encore citer le fait bien connu, que les idiots sont bien souvent impuissants à fixer leur attention sur quoi que ce soit. Cette incapacité de concentrer la conscience sur un point déterminé, en suspendant son activité dans toutes les autres directions, s'observe aussi chez beaucoup de malades qui souffrent d'une faiblesse pathologique du système nerveux central.

La question que nous venons de soulever peut être rapprochée du cas décrit par Charles Darwin.

Un homme qui faisait métier d'apprendre aux singes différents tours, vint à la Société zoologique de Londres pour y acheter quelques-uns de ces animaux, et il proposa de payer le double du prix demandé, sous la condition qu'on lui permettrait de garder pendant quelques jours plusieurs singes chez lui avant d'arrêter son choix. On lui demanda la raison de ce désir, et alors il expliqua qu'il aurait ainsi la possibilité de décider lequel des singes lui conviendrait le mieux, car on pouvait très bien déterminer lequel d'entre eux possédait la conception la plus vive et la plus facile en observant comment chacun d'eux suivait les différents tours qu'on leur montrait. Le plus capable de fixer son attention, et par conséquent sa conscience, sur ce qu'on lui enseignait, était toujours le plus capable d'apprendre; au contraire, ceux qui se montraient incapables de concentrer leur conscience, qui se distinguaient par une attention fugace et comme volatile, étaient plus ou moins réfractaires à tout dressage. De sorte que chez les singes on remarque la même chose que chez les hommes.

En un mot, je le répète, toute concentration de notre conscience exige une dépense considérable d'énergie, à cause premièrement du travail même de la conscience sur un point déterminé, et secondement de l'inhibition de son activité sur tous les autres points.

Après tout ce qui vient d'être dit, on peut aisément concevoir pourquoi toute uniformité, toute monotonie dans les sentiments et les pensées, doit fatiguer considérablement la conscience humaine; si cette monotonie dure un temps plus ou moins long, les résultats peuvent en être des plus funestes, puisque toute concentration de la conscience sur une seule série de phénomènes doit nécessairement, nous l'avons vu, occasionner une limitation de son activité dans toutes les autres directions. Examinons maintenant ce que nous donnent, sous ce rapport, les observations cliniques.

Le célèbre psychiatre anglais Crichton Brown a déjà exprimé la conviction que la démence aiguë se développe surtout facilement sous l'influence de la monotonie dans les sentiments et dans les pensées. Il appelle notre attention sur le fait suivant : les régiments anglais stationnés sur la côte occidentale d'Afrique sont forcément obligés de mener une vie extrêmement monotone, et c'est justement dans ces régiments que la proportion des maladies mentales se montre beaucoup plus considérable que dans les autres régiments cantonnés dans les localités où l'existence est plus variée, plus diverse. De même, le développement de la démence, si souvent observée chez les jeunes

criminels, Crichton Brown l'explique par la monotonie de la vie dans les prisons et les maisons
de correction.

Il est pareillement établi que lorsqu'un homme
concentre sa conscience et son attention sur un
son monotone ou sur quelque sensation uniforme,
il s'endort bien vite; ainsi, par exemple, Boerhaave assoupissait ses malades en les obligeant à
écouter le bruit des gouttes d'eau qui tombaient
sur une surface métallique. Les seigneurs russes
du bon vieux temps avaient un autre moyen pour
se faire endormir : ils ordonnaient à leurs domestiques de se gratter longtemps le talon. Il y a des
personnes qui, pour s'endormir, commencent à
compter un, deux, trois, et ainsi de suite; les
dames se font peigner et repeigner les cheveux
dans le même but; et l'on chante aux enfants des
chansons monotones; mais tous les moyens de
cette sorte se réduisent à fatiguer la conscience et
à la prédisposer ainsi au sommeil.

Les manipulations des magnétiseurs et des hyp-
notiseurs tendent pareillement à fatiguer la conscience par la monotonie des sensations visuelles,
auditives ou tactiles, et même à provoquer ainsi
son arrêt temporaire. Il va sans dire que l'hypnotisation réussit d'autant plus facilement et promptement que la conscience du sujet est plus pauvre
et faible, c'est-à-dire qu'elle se trouve placée plus
bas sur l'échelle du développement intellectuel.

Rien d'étonnant que de pareils sujets, s'ils sont souvent soumis à l'hypnotisation, prennent l'habitude d'avoir des arrêts, des interruptions de la conscience, et cette habitude devient de plus en plus forte, si bien qu'à la fin ces sujets s'endormiront à la simple vue d'un objet luisant; bien plus, ils s'endormiront du sommeil hypnotique même sous l'influence d'une certaine position de leurs propres mains, comme l'a observé Ball sur une femme de chambre, que sa maîtresse trop curieuse avait souvent employée à des expériences d'hypnotisation.

Il va de soi qu'une conscience déjà faible s'affaiblira de plus en plus sous l'influence de l'hypnotisation répétée, qui l'habitue à des interruptions de plus en plus rapprochées : des maladies convulsives peuvent en résulter, puisque, comme nous l'avons dit plus haut, les maladies convulsives ont une tendance à se développer pendant les interruptions de la conscience, pendant ses absences temporaires. D'un autre côté, les arrêts de la conscience par suite de l'hypnotisation peuvent provoquer aussi différentes maladies mentales, comme on l'a observé à la fin du siècle passé et au commencement du XIXᵉ, sous l'influence de l'engouement général excité par le mesmérisme ou le magnétisme animal et comme on l'observe à présent sous l'influence du même engouement, quoique le nom de mesmérisme ait été remplacé par celui d'hypnotisme.

Cela étant, on comprendra sans peine que le nombre des personnes sensibles à l'hypnotisme doit se trouver en proportion inverse du développement mental d'une époque ou d'une société données. Sous ce rapport, pendant les dernières 70 années, il s'est évidemment accompli un progrès assez considérable dans le développement des peuples européens, car en 1815 Matthei écrivait que sur cinquante personnes, il n'y en avait qu'une seule réfractaire à l'hypnotisation, tandis qu'à présent, d'après une remarque faite par Hausen pendant une séance qu'il donnait au Musée pédagogique de Saint-Pétersbourg, sur dix personnes, il n'y en a jamais plus de trois sensibles à l'hypnotisme. Ce fait doit nous réjouir, car pour chaque peuple, pour chaque société il est très important de compter dans son sein le plus possible de gens dont la conscience soit fortement développée et le moins possible de gens d'un autre ordre qui, grâce au faible développement de leur conscience, se rapprochent plus ou moins du type des animaux n'ayant que le système nerveux spinal; cela est important, parce qu'une conscience fortement développée se montre incompatible avec les mouvements, les actes réflexes ; par conséquent, tous les entraînements des masses deviennent d'autant moins possibles, que la conscience prédomine davantage dans une société donnée, dans un milieu social donné. Ainsi, par exemple, ce qui, avant tout, aide à la propagation des différentes épidémies psychiques, c'est la présence dans telle ou telle société, dans un tel ou tel peuple, d'un certain nombre de personnes à la conscience faiblement développée, c'est-à-dire de personnes du type spinal ; et plus le nombre en sera grand, plus se développera l'épidémie psychique, quelque forme qu'elle affecte, car les conditions du développement restent les mêmes, qu'il s'agisse d'une épidémie de suicides, ou d'accès convulsifs, ou enfin d'une prédominance temporaire de théories illogiques, en contradiction avec toutes les lois connues de la nature.

Pour se représenter d'une manière évidente à quels excès peut se porter une foule qui s'abandonne à des impulsions réflexes, il suffit de se rappeler les différents cas de panique, par exemple, dans l'incendie d'un théâtre ou de quelque autre édifice consacré à des amusements publics. Sous l'influence d'une peur aveugle et irrésistible comme les cataclysmes de la nature, les hommes perdent toute ressemblance avec des êtres raisonnables, doués de conscience, et capables de juger, de penser : impuissants à se gouverner, ils s'écrasent, s'étouffent mutuellement en essayant de sortir en masse par des portes qui ne peuvent laisser passer que deux personnes à la fois, et ainsi de suite. En définitive, il se trouve toujours que le nombre des victimes a été excessivement considérable, et cela parce que la foule a été prise de panique, a agi d'une manière réflexe, sans penser, sans se conformer aux circonstances : une, deux personnes se sont dirigées vers la sortie, et voilà que toute la foule, composée de plusieurs milliers d'hommes, s'est précipitée sur les portes, sans se rendre compte qu'elle ne pouvait sortir simultanément, et qu'à se presser ainsi follement le risque était beaucoup plus grand que celui de l'incendie lui-même.

C'est que, plus la conscience est faible, plus les mouvements et les actes réflexes prédominent, justement parce que tous les mouvements, tous les actes sont alors moins différenciés les uns des autres, et par conséquent moins aisés à discipliner, à maîtriser. Chaque mouvement d'un muscle quelconque tend à se généraliser, à s'étendre à d'autres groupes musculaires ; chaque acte tend à se compliquer par d'autres actes analogues et, par suite, chez les personnes dont la conscience est faible et peu développée, on remarque toujours une tendance à l'imitation et en même temps à des impulsions irrésistibles. Ainsi il est avéré que non seulement les singes, mais aussi les peuples sauvages, de même que les petits enfants, les personnes peu développées et peu instruites et les hystériques, se caractérisent par une forte propension à imiter tout ce qu'ils voient.

Pour se rendre compte jusqu'où peut aller cette tendance à l'imitation chez certains êtres, on n'a qu'à lire le récit de Hugstrem. Parmi les habitants de la Laponie, il rencontrait bien souvent des sujets qui imitaient involontairement tous les mouvements, toute la mimique des voyageurs qui s'entretenaient avec eux : tous ces Lapons présentaient des actes réflexes bien marqués et toute sensation inattendue, comme un bruit subit, provoquait chez eux un accès de convulsions généralisées. La même chose a été observée aussi chez les autres peuples sauvages.

.* .

De tout ce qui vient d'être dit, il s'ensuit que, plus la conscience est faible, plus le système nerveux spinal s'accentue, plus les mouvements non différenciés et réflexes prédominent chez l'homme ; en même temps il est porté à une imitation involontaire et irrésistible ; il imite tout ce qu'il voit, tout ce qu'il entend, tout ce qui a fixé son attention d'une manière ou d'une autre. Cette remarque est d'ailleurs juste, que la faiblesse de la conscience résulte d'un arrêt dans son développement normal, ou d'une maladie, ou d'une nutrition insuffisante, ou d'hypnotisations répétées, ou enfin de l'emploi habituel des opiacés, morphine, etc.

Pour élucider encore plus ma pensée, je citerai ici une observation bien intéressante : vers le milieu de ce siècle régnait à Édimbourg une maladie fébrile infectieuse. Nombreux étaient les malades, et tous les médecins se sentaient épuisés, car ils n'avaient plus le temps ni de se soigner, ni de se reposer un peu. Tous les sujets atteints de cette maladie épidémique présentaient de la fièvre et du délire ; mais c'était un délire comme on en observe souvent dans les maladies fébriles. Cependant tous les malades, ou presque tous, qui étaient traités par un certain docteur A. offraient encore un symptôme à part, c'est-à-dire une tendance irrésistible à se jeter par la fenêtre. Ce fait serait probablement resté inexpliqué, si, parmi les malades du docteur, il ne s'était trouvé un médecin, le professeur D., qui, lui aussi, manifestait pendant sa maladie une envie opiniâtre de se précipiter par la fenêtre de sa chambre à coucher, située au troisième. Quand le professeur D. était déjà en pleine convalescence, il raconta ce qui suit : pendant sa maladie, il n'avait aucune idée de se jeter par la fenêtre, jusqu'au moment où le docteur A., qui le traitait, se mit à raconter dans sa chambre, à ses parents, comment un de ses malades s'était, dans un accès de délire, précipité par la fenêtre et broyé sur le pavé. En achevant son récit, le docteur A. avait recommandé de bien surveiller le malade, de peur qu'il ne lui vînt, à lui aussi, la fantaisie de se jeter en bas. Le malade, qu'on croyait inconscient, avait très bien suivi tout le récit du docteur, et il en avait été fortement impressionné. Sa conscience, affaiblie par la maladie, avait été frappée par l'image du malade se jetant par la fenêtre sur le pavé ; et, dès ce moment, un désir ardent le hantait de se précipiter. Quant au docteur A., le fait qu'un de ses clients s'était précipité sur le pavé l'avait vivement ému et il en parlait chez tous les autres malades ; partout il exigeait une surveillance des plus attentives, et comme tout cela se disait pour la plupart en présence des malades, beaucoup d'entre eux subissaient l'infection psychique ; ils se sentaient alors pris d'un désir fou de se jeter par la fenêtre. En même temps le docteur A., de plus en plus impressionné par cette tendance au suicide, en parlait de plus en plus, et prescrivait aux gardes-malades la surveillance la plus rigoureuse, sans se douter que c'était lui-même qui provoquait et propageait cette épidémie psychique.

Comment s'expliquer des faits pareils? Il n'y a, à mon sens, qu'une explication possible : la maladie fébrile infectieuse, en affaiblissant la vie cérébrale consciente des malades, faisait temporairement prédominer chez eux le système nerveux spinal et les actes réflexes ; et par suite ils devenaient aussi imitatifs que les petits enfants ou les peuples sauvages.

La même chose doit en général s'observer dans tous les cas où la conscience s'affaiblit pour une raison quelconque. Des sujets pareils seront tentés d'imiter non seulement les actes qu'ils voient, mais aussi ceux dont ils entendent parler, comme il est arrivé dans l'épidémie psychique provoquée par le docteur A.; par conséquent, ils se montreront au plus haut degré accessibles aux suggestions verbales, il n'y a rien là de nouveau et de remarquable, car qui ne sait que plus un sujet est stupide, plus il est facile de le soumettre à des influences diverses, plus il est facile de lui suggérer ceci ou cela?

.* .

Il n'y a là rien de nouveau, et nous n'aurions jamais songé à nous arrêter sur ces questions, si, dans les derniers temps nous n'avions pas assisté à l'éclosion de toute une littérature fantaisiste et pseudo-scientifique sur la suggestion pendant l'hypnose. Qu'est-ce qui se passe donc pendant l'hypnose? L'hypnotisation, en habituant le sujet à des interruptions répétées de la consciencee, doit fatalement affaiblir de plus en plus la conscience qui n'était pas déjà si vigoureuse, car nous avons prouvé que, pour pouvoir être hypnotisé, il faut avant tout une conscience faible. Dans ces conditions, en répétant souvent l'hypnotisation, on doit nécessairement obtenir enfin un état si déplorable de la vie cérébrale consciente, que ces sujets se montreront plus enclins à l'imitation aveugle et irrésistible que les sauvages et les singes eux-mêmes! Il est évident que de cette manière on peut se préparer un terrain des plus commodes pour les expériences

sur les soi-disant suggestions pendant l'hypnose.

Que les interruptions de la conscience, en se répétant trop souvent, puissent occasionner un affaiblissement de la conscience et un hébétement de
toute l'activité intellectuelle de l'homme, — ce fait
bien connu le démontre, que les épileptiques, dont
les accès sont toujours accompagnés d'un arrêt
temporaire de la conscience, deviennent de plus
en plus hébétés et finissent par tomber dans une
démence complète. On sait aussi que les épileptiques sont très sujets à subir des impulsions irrésistibles, et ils présentent alors le même état que les
malades du docteur A., c'est-à-dire qu'ils obéissent
aveuglément à l'idée qui, pour une raison quelconque, hante leur pauvre conscience affaiblie encore
par les fréquents arrêts que déterminent en elle les
accès du grand mal épileptique.

Ainsi nous voyons, que l'hypnotisme doit être
rangé parmi les formes pathologiques du sommeil,
ou en d'autres termes, que l'hypnotisme doit être
considéré comme un état pathologique de la conscience, car en somme il se réduit à un affaiblissement artificiel de la conscience, réalisé au moyen
de sensations monotones et uniformes. Pendant le
sommeil hypnotique, on observe, de même que pendant le sommeil hibernal et les narcolepsies, une
tendance prononcée aux phénomènes cataleptiques
du côté des muscles, puis un renforcement des

réflexes (Haidenhain) et une diminution notable de tout l'échange organique du corps, et surtout de l'échange des matières dans les tissus nerveux. Sous ce rapport, les narcolepsies, le sommeil des hibernants et l'hypnose se distinguent considérablement du sommeil normal, qui détermine justement un échange nutritif accéléré et augmenté (Duham, Penzoldt et Fleischer), surtout dans les tissus cérébraux et nerveux. C'est pour cette raison que le sommeil hypnotique ne saurait remplacer le sommeil normal, puisqu'il ne fait qu'affaiblir l'activité psychique consciente, et qu'il ne favorise nullement ni la reconstitution plastique des tissus, ni leur nutrition ; et l'emploi de l'hypnotisation dans les cas d'insomnie peut être permis seulement dans le même sens et dans les mêmes limites que celui de chaque narcotique en général, c'est-à-dire si l'on suppose que le sommeil artificiel puisse enfin aboutir, en se modifiant, à un sommeil normal et salutaire pour l'organisme. Quant à l'usage de l'hypnotisation sous forme d'expériences, et comme un moyen de distraction et d'amusement, on doit le considérer comme un crime commis non seulement contre un être humain, mais aussi contre la société entière, contre l'État lui-même, parce que toute hypnotisation, en affaiblissant la conscience, augmente dans la communauté le nombre des éléments pathologiques et par conséquent inutiles et nuisibles.

Puisque nous avons parlé de l'hypnotisme, nous devons aussi nous arrêter quelque peu sur le somnambulisme, c'est-à-dire sur ce sommeil normal pendant lequel les dormeurs se lèvent du lit, marchent, grimpent sur des toits, en un mot accomplissent toute une série d'actes musculaires. Dans la première section de ce livre, nous avons déjà constaté que notre système musculaire ne dort pas ; en outre, nous avons mentionné des cas où des soldats, fatigués par une longue étape, s'assoupissaient en marchant, où des sentinelles dormaient tout en faisant les cent pas, et sans cesser de tenir leur fusil, etc.

Ainsi nous savons déjà qu'un homme peut dormir et en même temps accomplir des actes musculaires complexes, et ce, tout à fait régulièrement. Plusieurs d'entre nous ont sans doute vu des personnes s'endormir en public, par exemple à un concert ou à une conférence, et continuer néanmoins à tenir dans leurs mains leur binocle, leur éventail ou tout autre objet.

Cela étant, les actes des somnambules ne devraient nullement nous étonner, car toute la différence entre les sujets normaux et les somnambules se réduit à ce que les premiers s'endorment pendant un acte musculaire quelconque, et continuent à l'effectuer pendant leur sommeil, tandis que les autres se couchent paisiblement dans leur lit et, une fois endormis, se lèvent et commencent à exécuter toutes sortes d'actes musculaires sans s'éveiller, c'est-à-dire en restant tout le temps endormis et par conséquent privés de conscience.

En étudiant la littérature spéciale, nous avons reconnu que dans la grande majorité des cas le somnambulisme naturel se développe chez les adolescents et les jeunes gens, c'est-à-dire chez des sujets qui, par leur âge même, doivent avoir grandement besoin des mouvements musculaires, des exercices physiques. On cite des cas où l'on est parvenu à faire disparaître le somnambulisme au moyen d'un travail physique considérable. Dès lors, il est logique de se demander si la marche et les mouvements des somnambules pendant le sommeil n'ont point leur source dans un manque d'exercice de leur système musculaire, ce qui provoque différents songes moteurs?

Pour décider définitivement cette question, il nous faudrait certainement des observations exactes. En ce qui me concerne, j'ai pu remarquer que la quantité des mouvements exécutés par les enfants endormis dans leur lit est en proportion inverse du travail musculaire qu'ils ont effectué dans la journée. Seulement, les enfants sur lesquels j'ai fait mes observations ne se levaient que bien rarement de leur lit pour marcher dans la chambre; pour la plupart, leurs mouvements pendant le sommeil se réduisaient simplement à ceci : ils s'asseyaient sur leur lit, tâtonnaient çà et là comme pour chercher quelque chose et, en outre, changeaient bien souvent de position, remuaient les extrémités, etc.

Avant d'en finir avec les phénomènes pathologiques du sommeil et de la conscience, nous jugeons nécessaire de mentionner ici ce qu'on appelle l'automatisme, c'est-à-dire cet état particulier pendant lequel un homme accomplit tout à fait mécaniquement, sans la moindre participation de la conscience, différents actes musculaires. Un pareil automatisme s'observe, dans sa forme la plus prononcée et la plus complète, à la suite de blessures à la tête; mais il peut être aussi provoqué par différentes affections pathologiques du système nerveux central. Ainsi, par exemple, dans certaines maladies cérébrales, les sujets n'ont pas conscience des questions qu'on leur adresse, ils ne les comprennent pas, et ce, uniquement à cause d'une absence complète de la conscience, car l'organe de l'ouïe demeure chez eux parfaitement normal, ils entendent tout ce qu'on leur dit, et en réponse ils commencent machinalement à répéter ce qu'ils ont entendu. Ils le répètent plusieurs fois de suite, et à chaque répétition successive, ils font la phrase plus courte, en omettant une, deux, trois des syllabes finales; ils en viennent ainsi à ne plus prononcer que le premier mot, et enfin seulement la première syllabe de la phrase entendue; après quoi ils s'arrêtent court. Cette répétition mécanique des mots entendus s'appelle, dans la langue médicale, « le phénomène de l'écho ».

On peut ranger dans la catégorie des actes automatiques les différents mouvements habituels qui sont reproduits par des hommes gravement malades pendant leur état de profonde inconscience; ainsi, un malade qui avait été souffleur de verre dans une fabrique se mettait à souffler de toutes ses forces chaque fois que la cuiller ou la tasse où se trouvait la médecine touchaient ses lèvres; un officier qui, pendant sa vie normale, avait l'habitude de se retrousser la moustache, continuait avec une grâce et une régularité parfaites à la retrousser pendant l'état d'inconscience et de coma où l'avait plongé une hémorragie cérébrale. C'est ainsi que nos mouvements habituels peuvent, pendant les derniers moments de notre vie, révéler ce que nous fûmes.

Nous pourrions citer un grand nombre d'exemples analogues; mais, pour ne pas perdre de temps, nous nous bornerons ici à en mentionner encore un seul, que voici. Pendant la bataille livréc en 1870 près de Bazeilles, un soldat avait été blessé dans la région de l'os pariétal gauche. Il dut passer deux années dans un hôpital, à cause d'une paralysie de tout le côté droit du corps; au bout de ce temps, la paralysie disparut presque complètement et le malade put avec succès faire office de garde-malade, ce qui permettait de l'observer lui-même tout le temps. On remarqua chez lui des accès d'une interruption complète de la conscience, pendant lesquels il ne voyait rien, pas même la lumière la plus vive; il n'entendait rien; les sens du goût et de l'odorat étaient de même absents, le toucher seul persistait; grâce à l'abolition temporaire de la plupart des sens, il se heurtait en marchant aux objets qui se trouvaient sur son chemin; mais, dès qu'il les avait touchés, il les contournait en se guidant d'après les impressions du tact. Il ne ressentait aucune douleur, on pouvait le brûler, le pincer, le piquer sans qu'il s'en aperçût.

Pendant ces accès, le malade se transforme complètement en automate; il répète machinalement tous les mouvements, tous les actes de sa vie normale, marche, roule des cigarettes, les allume avec des allumettes et se met à les fumer, sans même remarquer qu'on lui a mis sous la main, au lieu de tabac, de la laine ou des bûchettes. Il mange et il boit; mais si, au lieu de bon vin, on lui présente les solutions médicamenteuses les plus horribles, il les avale sans se douter de rien. Quand on lui place entre les mains un bâton disposé de manière à lui rappeler un fusil, il commence aussitôt à effectuer avec ce bâton toutes les manipulations usitées pour le maniement du fusil; en même temps, il se rappelle l'une après l'autre toutes les scènes, tous les épisodes qu'il a vécus pendant la dernière guerre, et il prononce des paroles qui s'y rapportent. Ces accès se répètent après des intervalles de 27 jours, et ils durent pendant 24 ou 48 heures. Pendant les 27 journées intermédiaires, le sujet se trouve dans un état complètement normal. Il faut encore remarquer qu'il ne conserve aucun souvenir de ce qui lui est arrivé pendant ses accès d'automatisme.

Pour bien comprendre la nature de la conscience, il est très important d'étudier les cas où cette faculté, anéantie soit par l'introduction d'une balle dans le cerveau, soit par l'enfoncement d'un os du crâne, s'est reconstituée aussitôt la balle extraite ou l'os relevé. Ainsi, par exemple, à la bataille de Nil, un capitaine avait reçu sur la tête un coup violent qui lui enfonça une partie de l'os. Cette blessure avait été faite juste au moment où le capitaine criait un commandement, et quinze mois plus tard, quand on lui eut enfin redressé l'os, cet officier, en reprenant l'usage de sa conscience, acheva le commandement interrompu en se relevant sur le lit. Dans les chroniques des cliniques et des hôpitaux, on peut trouver plusieurs faits pareils et tous démontrent la même chose, c'est-à-dire qu'avec la conscience s'interrompt aussi tout mouvement conscient commencé, lequel peut demeurer pendant plusieurs mois dans un état latent, pour ainsi dire.

Plus haut, nous avons déjà dit que la conscience normale est toujours simultanément active dans toutes ses parties, quoiqu'il existe en même temps aussi certaines inhibitions et limitations dans certaines parties de cette activité; que pendant les différents dérangements psychiques on observe une dissolution, une division de la conscience, dont l'unité se trouve abolie; que, dans ces conditions, la conscience ne peut plus se fatiguer, et la nécessité du sommeil disparaît complètement. Cependant, la division pathologique de la conscience ne se réduit pas à ces seules formes. La littérature médicale relate des cas où toute la vie, — la vie à l'état de veille, — apparaissait divisée en deux existences séparées, ayant chacune une conscience à part, et par conséquent aussi une mémoire divisée pour ainsi dire en deux parties; et la même division s'observait naturellement aussi par rapport à la volonté et au caractère général des malades. Voici en quoi consiste cette maladie étrange:

chez un sujet quelconque se déclare un sommeil plus ou moins profond et plus ou moins long, ou un évanouissement complet; après quoi, le sujet, en revenant à lui ou en s'éveillant, ne se rappelle plus rien et n'a plus conscience de rien de ce qu'il connaissait, de ce qu'il éprouvait avant cet accès. Si ces malades possédaient auparavant quelques connaissances, ils en sont à présent complètement dépourvus, de sorte qu'ils se voient obligés de rapprendre l'alphabet, l'écriture et l'arithmétique, en un mot tout ce qu'ils avaient appris à l'école primaire pendant leur enfance. Mais ils ne se souviennent de rien, et même la notion de la nécessité de certaines connaissances élémentaires doit leur être donnée du dehors par les personnes qui les entourent.

Un pareil état secondaire peut durer plus ou moins longtemps : quelques jours, quelques semaines et même quelques mois; puis, après un sommeil profond ou une perte de conscience, les malades se retrouvent subitement dans leur état antérieur avec tous leurs goûts, toutes leurs inclinations, tous leurs talents primitifs, avec leur caractère original, et ils ne gardent aucun souvenir de leur état secondaire. Après un temps plus ou moins long, les malades retombent dans un sommeil profond, ou dans une inconscience temporaire; et en se réveillant ou en revenant à eux, ils se trouvent de nouveau dans leur second état.

avec les goûts, les connaissances, les penchants qui leur sont propres, et en même temps ils ne se souviennent pas d'avoir jamais été dans un autre état. La mémoire des malades, toutes leurs occupations, toutes leurs connaissances, en un mot leur conscience entière, sont justement au même point qu'au moment où le second état a été remplacé par le premier. Cette succession périodique de deux formes différentes de la conscience se répète pendant des années, sans que les malades puissent relier les expériences, les observations recueillies par eux dans les deux formes en un seul et unique tableau. Les personnes que les malades voient pour la première fois pendant l'un de ces deux états, ils ne les reconnaissent que dans des états analogues; tandis qu'à leur apparition pendant l'état opposé, elles produisent toujours sur les malades l'effet de personnes inconnues.

* *

La division de la conscience, cependant, n'apparaît pas toujours aussi complète et absolue; dans certains cas, les sujets ont eux-mêmes conscience de cette dualité comme, par exemple, la malade de Winslow; mais, dans d'autres, les sujets n'ont pas la moindre conscience de la vie double qu'ils mènent. Tous les cas de ce genre sont connus sous le nom de double conscience ou conscience divisée ou *dipsychia* (Pritchard). Il est impossible actuellement d'expliquer cette division de la conscience; quoique ces faits nous rappellent instinctivement la vieille théorie de Wigan, d'après laquelle tout homme possède en réalité deux cerveaux, puisque chaque hémisphère cérébral représente, à lui seul, un cerveau complet, avec cette différence, cependant, que chez les droitiers l'hémisphère gauche atteint un plus grand développement, et chez les gauchers, au contraire, c'est l'hémisphère droit. Cette théorie est étayée jusqu'à un certain degré par des observations qui démontrent la suppléance d'un hémisphère cérébral par l'autre, aussi bien pendant le sommeil que pendant un état maladif, lorsque l'hémisphère ordinairement le plus actif devient temporairement incapable de continuer son travail.

Les observations pathologiques et anatomiques ont déjà établi le fait suivant : les organes de la parole, et par conséquent les organes principaux de la pensée, sont localisés, chez les droitiers, dans l'hémisphère cérébral gauche, et, chez les gauchers, dans l'hémisphère cérébral droit. Cette disposition différente des centres de la parole, suivant la prédominance de la main droite ou de la main gauche, est liée certainement avec le fait de la décussation des nerfs, puisque les nerfs de l'hémisphère gauche se dirigent vers le bras et la main droits, et au contraire les nerfs de l'hémisphère droit se dirigent

9.

vers le bras et la main gauches. Les expériences
que j'ai faites sur des personnes souffrant de la
migraine dans le côté gauche de la tête m'ont démontré que, pendant cette douleur hémicranique,
la main gauche acquérait temporairement la capacité de mieux écrire dans des directions inusitées
que la main droite, et ce fait ne peut être expliqué autrement que par la supposition que, pendant
l'hémicranie gauche, l'hémisphère droit du cerveau devenait temporairement le plus actif. D'un
autre côté, des expériences directes ont aussi
prouvé que si, pendant les premières heures d'un
sommeil profond, on commence à chatouiller légèrement la peau du visage en son milieu, ou à
droite de la ligne médiane, on obtient toujours le
même résultat : le dormeur fait des mouvements
comme pour chasser une mouche importune, et
toujours avec sa main gauche alors même qu'il est
couché sur le côté gauche, de sorte que le mouvement de la main gauche est entravé, tandis que la
main droite reste absolument immobile, même
lorsqu'elle repose librement au-dessus du corps.
J'ai répété ces expériences sur 52 personnes
de différent sexe et de tout âge en commençant
par deux enfants de 3 ans et en finissant par
des femmes et des hommes de 50 à 65 ans.
Dans tous les cas sans exception, j'ai obtenu
le même résultat c'est-à-dire que, pendant les deux
ou trois premières heures du sommeil (d'après les

recherches de Kohlschütter, c'est la période où le sommeil est le plus profond) c'était toujours *la main gauche* qui effectuait les mouvements nécessaires pour éloigner le chatouillement désagréable du visage.

Dans ces conditions, il était très intéressant pour moi de voir si les *gauchers* peuvent présenter les mêmes phénomènes que les droitiers, et je suis parvenue, grâce à la complaisance de quelques-uns de mes amis, à observer huit individus qui étaient presque absolument gauchers, c'est-à-dire qu'ils écrivaient, mangeaient et cousaient avec leur main gauche; mais ils pouvaient en même temps exécuter quelques mouvements avec leur main droite, comme par exemple de faire le signe de la croix ou de se peigner; en outre, il y avait parmi eux un homme qui avait servi dans l'armée et qui maniait le fusil comme un droitier. Eh bien! toutes ces personnes, pendant le sommeil le plus profond, si on leur chatouillait avec une plume la peau du visage, faisaient le mouvement de chasser une mouche importune *avec leur main droite*, et cela même dans les cas où elles étaient couchées sur le côté droit, leur main droite placée sous elles, tandis que la main gauche restait absolument immobile, alors même qu'elle reposait tout à fait librement au-dessus du corps couché sur le côté droit. En un mot, on observait chez les gauchers, la même chose par rapport à la main gauche, que chez les droitiers par rapport à la main droite, c'est-à-dire que la main la plus active pendant la veille restait immobile pendant le sommeil, et sa besogne était faite par la main ordinairement inactive pendant la veille.

Ces faits ne peuvent être expliqués que par la supposition que l'hémisphère cérébral le plus actif se repose le plus pendant les premières heures du sommeil; et il est hors de doute que chez les droitiers l'hémisphère gauche est le plus actif, tandis que chez les gauchers prédomine l'activité de l'hémisphère droit, comme contenant les centres du langage et les centres de tous les mouvements de la main active, — la gauche. C'est pourquoi feu Broca disait que les droitiers de la main sont gauchers du cerveau, et au contraire les gauchers de la main droitiers du cerveau.

La suppléance d'un hémisphère cérébral par l'autre peut être établie encore par des expériences d'un autre genre. Pendant mes recherches sur l'influence d'une insomnie absolue sur la santé et la vie des jeunes chiens, j'ai constamment remarqué que les réflexes disparaissaient et apparaissaient périodiquement, tantôt dans les membres d'un côté de l'animal, tantôt dans ceux de l'autre; c'est-à-dire que les animaux affaiblis par le manque de sommeil devenaient de plus en plus insensibles aux différentes irritations de la peau et ne donnaient les mouvements réflexes que très lentement et cela

encore seulement en réponse à des irritations plus
ou moins fortes. En même temps on remarquait
que l'insensibilité de l'animal ne restait pas sta-
tionnaire, mais qu'elle était pour ainsi dire migra-
trice, et qu'après avoir subsisté pendant dix à
vingt minutes du côté droit du corps, elle se trans-
portait sur le côté gauche ; l'irritation du côté droit
commençait à donner des mouvements réflexes,
tandis que l'irritation du côté gauche ne produisait presque aucun effet, jusqu'à ce qu'il se
produisît une nouvelle translation d'insensibilité.
En un mot les jeunes chiens privés de sommeil
pendant plusieurs jours produisaient sur moi et
sur les autres personnes qui assistaient à ces expériences la même impression que s'ils se fussent
endormis tantôt d'un côté de leurs corps, tantôt de
l'autre ; en d'autres termes, il semblait que, chez
ces animaux privés de sommeil, les hémisphères
cérébraux se suppléassent périodiquement et que,
pendant qu'un hémisphère était inactif, l'autre
fonctionnât pour tous les deux.

Pendant ces dernières années, la théorie de
Wigan a reçu encore d'un autre côté une confirma-
tion expérimentale ; nous voulons parler des expériences du professeur Holtz, qui, après avoir opéré
l'ablation de tout l'hémisphère gauche d'un chien,
a observé que l'animal présentait des différences
bien minimes en comparaison des sujets normaux, c'est-à-dire que ce chien à un hémisphère

présentait quelque affaiblissement intellectuel ; les muscles étaient un peu moins forts, la sensibilité un peu moins vive dans le côté droit du corps que dans le côté gauche. Aux yeux d'un observateur superficiel, ce chien eût même pu sembler complètement normal. En présence de ce fait, Holz considère qu'il est permis de traiter les différentes tumeurs et autres affections cérébrales par des procédés chirurgicaux, dans tous les cas où ces affections se localisent dans un seul hémisphère cérébral.

En admettant, avec Wigan, que chaque hémisphère cérébral représente un cerveau à part, nous pourrions bien nous expliquer les cas de double conscience par la supposition qu'alors l'hémisphère cérébral gauche, toujours plus développé, et l'hémisphère droit prédominent tour à tour, périodiquement ; que la conscience générale reliant les deux hémisphères fait défaut, et que chaque hémisphère, par conséquent, fonctionne avec la conscience qui lui est propre : dans ces cas, les éléments anatomiques qui constituent la base de la conscience et qui unissent les éléments de la conscience particulière de chaque hémisphère se trouveraient dans une inactivité complète.

Mais toutes ces hypothèses elles-mêmes apparaissent comme insuffisantes vis-à-vis des cas comme celui qui a été étudié et décrit par le professeur Bourru et le docteur Burot, dans lequel on observait chez le sujet une suite périodique de six états de conscience différents, qui, en se succédant, présentaient chacun à son tour un changement absolu dans les goûts, les penchants, les connaissances du malade, dans sa mémoire, son caractère et même dans les symptômes de maladie, comme par exemple, l'apparition et la disparition périodiques de paralysies et d'anesthésies dans le corps du malade. Ce cas résiste à toutes les explications possibles dans l'état actuel de la science, à moins qu'on ait eu affaire à un simple cas de simulation perverse et stupide, commè nous en présentent si souvent les sujets hystériques. Mais alors qu'est-ce que cette simulation elle-même?

En général, il faut avouer que dans l'état actuel de nos connaissances sur le sommeil et par conséquent aussi sur la conscience, nous nous trouvons incapables d'expliquer la nature des différents symptômes pathologiques tant du sommeil que de la conscience. Nous nous voyons forcés de nous consoler par la pensée que cette impuissance ne saurait durer, et qu'il arrivera enfin un temps où l'esprit investigateur de l'homme parviendra à connaître et par conséquent à expliquer cette part jusqu'à présent obscure de notre vie.

*
* *

Après tout ce qui vient d'être dit dans cette section, consacrée à l'étude des manifestations pathologiques du sommeil, nous ne pouvons plus douter que le sommeil ne soit intimement lié avec cette faculté merveilleuse de notre âme que nous appelons la conscience, et sans laquelle il n'y aurait aucune vie intellectuelle, aucune vie digne d'un homme. Sans la conscience humaine, nous nous abaissons au niveau des différentes formes inférieures de la vie organique sur la terre, nous cessons d'être des hommes et par conséquent nous devons d'autant plus comprendre la nécessité d'étudier cette faculté la plus importante de notre âme.

Comme résultat général de notre étude physiologique et pathologique du sommeil, nous arrivons nécessairement à cette conclusion : que *le sommeil n'est que le temps du repos de la conscience*, et que notre conscience possède un *substratum* anatomique dans notre cerveau.

Articles et livres ayant trait à la pathologie du sommeil.

Darwin (Erasmus), Zoonomia or the laws of organic life, 1796, t. I, p. 249.

Anstie, Stimulants and Narcotics and their Mutual Relations, 1865.

Notley, The Lancet, 1885, 14 mars.

Benham, Ibidem, p. 548.

Shaw (Claye), On the clinical Value of Expression in the Insane (Saint Bartholomew's Hospital Reports, 1874, t. X).

Strümpell, Beobachtungen über ausgebreitete Anästhesien und deren Folgen für die willkürliche Bewegung und das Bewusstsein (Deutsches Archiv für klinische Medicin XXII).

Itard, De la parole considérée comme moyen de développement de la sensibilité organique (Revue médicale française et étrangère, 1828, t. II).

Le même, Traité des maladies de l'oreille et de l'audition, 1842.

Macario, Des hallucinations (Annales Médico-psychologiques, 1845, t. II).

Cérise, Des fonctions et des maladies nerveuses, 1870, 2ᵉ édit.

Bidder und Schmidt, Die Verdauungssäfte und der Stoffwechsel, 1852.

Aeby, Archiv für experim. Pathologie und Pharmacologie, 1874, t. III.

Loeb, Muskelthätigkeit als Maass psychischer Thätigkeit (Archiv für die gesammte Physiologie, t. XXXIX).

Ord and Dyce Duckworth, The Lancet, 1879, t. II, n° 16 et 1880, t. II, n° 21.

Medical Times and Gazette, 1879, t. II, n° 1529.

Gull, Transactions of the Clinical Society of London, 1879, t. VII.

Ord, Medico-Chirurgical Transactions, t. LXI (British Medical Journal, mai 1878).

Taon, Revue mensuelle de Médecine et de Chirurgie, 1880, 10 août.

Fagge, Medico-Chirurgical Transactions, t. LIV.

Hamilton (Allan-Mac-Lane), The Medical Record, 1882, t. XXII, décembre.

Ballet, Le Progrès médical, 1880, n° 30.

Henrot, Ibidem, 1883, n° 37.

Sepilli, Rivista sperimentale di Freniatria, etc., 1881, t. I et II.

Goodhart, Transactions of the Clinical Society of London, 1882, t. XV.

Mahomed, Ibidem.

Charcot, Gazette des Hôpitaux, 1881, n° 10 (Journal de médecine et de Chirurgie pratiques, 1881, t. XXXII, janvier).

Coxwell, The Lancet, 20 janvier 1883. Transactions of the Clinical Society of London, t. XVI.

Lunn, Transactions of the Clinical Society of London, t. XX.

Seville, Ibidem, t. XIX.

Druitt, American Journal of the Medical Sciences, 1884, t. LXXXVII.

Kocher, Archiv für klinische Chirurgie, t. XXIX.

Virchow (Rud.), Berliner klinische Wochenschrift, 21 février 1887.

Guerlain, Bulletins de la Société de Chirurgie, t. VIII.

Bourneville et Ottier, Pachydermie (l'Union médicale, 1887, n° 74).

Manasse, Berliner klin. Wochenschrift, 1888 p. 585 et suiv.

Brunst, Beiträge zur klinischen Chirurgie, 1888, t. III.

Lombroso (Cesar), Klinische Beiträge zur Psychiatrie, 1869.

Goltz, Ueber die Verrichtungen des Grossirhns (Archiv für die gesammte Physiologie, t. XLII).

Tebaldi, Del sogno (Annali universali di medicina, décembre 1860).

Saissy, Recherches expérimentales sur la physique des animaux hibernants, 1808. Paris et Lyon (Mémoires de Turin, 1810-1812).

Horwath, Centralblatt für die medic. Wissenschaften, 1872, n°s 45, 47 (Würzburger Verhandlungen, XII, p. 139, et XIII, p. 60).

Quincke, Archiv für experimentelle Pathologie, t. XV.

Spallanzani, Opuscoli di fisica animale et vegetabile, 1780, Modena.

Hunter (John), Works, t. IV, p. 131.

Blandet, Observation de sommeil léthargique (Comptes rendus hebdomadaires des séances de l'Académie des sciences. Paris, 1864, p. 658).

Buffon, Histoire naturelle, 1749.

Barkow, Der Winterschlaf nach seinen Erscheinungen im Thierreich, 1876.

Valentin, Moleschott's Untersuchungen, I-XII, 1865, t. IX.

Edwards, De l'influence des agents physiques sur la vie, 1824. Paris.

Gore, The Sleeping Sickness of Western Africa (The British Medical Journal, 1875, n° 731).

Senator, Charité Annalen, 1887, t. XII.

Carter (Burdenell), The Science, 1887, 22 avril (The British Medical Journal, 16 avril 1887).

Lasègue, Gazette des hôpitaux, 3 janvier 1882.

Burns, Curious Case of Somnambulism (The Medical and Surgical Reporter, 1875, t. XXXII).

Bouchut, De l'état nerveux aigu et chronique ou Névrosisme, 1860.

Ribot, Das Gedächtniss. Traduct. allemande, 1871.

Ireland, Idiocy and Imbecility, 1877. London.

Maudsley, Body and Will. London, 1883.

Meyer (Bruno), Aus der ästhetischen Pädagogik. Berlin, 1873.

Morrisson (Alexander), The Practitioner, a Journal of Therapeutics and public Health, avril 1889.

Renaudin, Observations sur l'influence pathogénique de l'insomnie (Annales Medico-psychologiques, 1857, t. III).

Hammond, On Sleep (Gaillard's Medical Journal, 1880, t. XXIX, février).

Nagel, Der natürliche und künstliche Schlaf, 1872.

Durham, Guy's Hospital Reports, 1860, t. VI.

Neumann, Pathologische Untersuchungen als Regulative des Heilverfahrens, 1842 t. II.

Smith (Eustace), On sleeplessness in infants (The British Medical Journal, 28 août 1869).

Fothergill (Milner,, The causes and Treatment of Sleeplessness (The Practitioner, 1876, nᵒ 92).

Russel, On Sleeplessness (The British Medical Journal, t. II, 1861).

Solbrig, Klinische Beobachtungen (Allgemeine Zeitschrift für Psychiatrie, 1871).

Darwin (Charles), The Expression of the Emotions in Man and Animals, 1872.

Le même, The Descent of Man, t. I, p. 44.

Hanfield (Jones), Studies on functional nervous Disorders, 1870.

Lidell, A Treatise on Apoplexy, 1873.

Böcker, Ueber den Schlaf (Archiv des Vereins für gemeinschaftliche Arbeiten zur Förderung der wissenschaftlichen Heilkunde, 1856, t. II).

Schüller, Deutsches Archiv für klinische Medicin, 1874, t. XIV, p. 5 et 6.

Jacobi and White, The Journal of Nervous and Mental Disease, t. VI, nᵒ 1.

Boulton (Percy), Obstetrical Journal of Great Britain and Ireland, 1875, nᵒ 23.

Granville (Mortimer), On Sleeplessness (The Lancet, 28 août 1880).

Beard and Rockwell, A practical Treatise on the Medical and Surgical Uses of Electricity, New-Jork, 1871, p. 227.

Les mêmes, Observations on the physiological and therapeutical effects of galvanization of the sympathetic (New-York, 1870.

Manacéïne (Marie de), Surmenage cérébral (Rapport sur le Musée pédagogique, 1883, p. 46 (en russe).

La même, Le surmenage mental, traduit du russe par E. Jaubert, 1889.

Hammond, Journal of Psychological Medicine, avril 1870.

Bouchut, Tuberculose aiguë simulant une fièvre typhoïde. Diagnostic par l'ophthalmoscope (Gazette des hôpitaux. 1875, nᵒˢ 43 et 44).

JACKSON (Hughlings), Ophthalmic Hospital Reports, 1863-1865, t. IV.

SCHRÖDER VAN DER KOLK, Die Pathologie und Therapie der Geisteskrankheiten. Braunschweig, 1863.

DICKSON (Thompson), The Science and Practice of Medicine in Relation to Mind, 1874, p. 372 et suivantes.

MEYER (L.), Die Stimmung und ihre Beziehungen zu den Hauptfunctionen des Nervensystems (Charité Annalen, 1854, t. V).

MITCHELL (Weir), The American Journal of the medical Sciences, avril 1877.

HUFELAND, Hufeland's Journal der practischen Arzneykunde, 1825, t. LX, cap. 3, p. 138.

LE MÊME, Ibidem, t. XX.

GAULKE, Ueber einen merkwürdigen Fall von Schlafsucht (Vierteljahrschrift für gerichtliche Medicin, etc., 1877, t. XXVI.

ARROT, Edinburgh Medical Journal, 1815, t. 11, p. 533 et suiv.

MICHEL, Journal de Médecine, de Chirurgie et de Pharmacie, 1759, t. XI.

MISSA, Sur une dormeuse extraordinaire (Recueil périodique d'observations, 1775, t. II, p. 95 et suiv.).

VIALE, Sur une catalepsie (Journal de Médecine, de Chirurgie et de Pharmacie, etc., 1768, t. XXIX, p. 131 et suiv.).

PLAIGNE, D'un sommeil extraordinaire (Journal de Médecine, de Chirurgie, etc., 1766, p. 164 et suiv.).

STRUVE, Geschichte einer Catalepsie, Rust's Magazin für die gesammte Heilkunde, 1819, t. VI, p. 264 et suiv.

VELTEN, Rust's Magazin, etc., 1827, t. XXIII, p. 371.

ROMBERY, Horn's Archiv für medicinische Erfahrungen, 1815, t. II, p. 425.

SEMELAINE, Annales Médico-psychologiques, 1885, t. I, p. 20.

THÜRMER, Schlafsucht (Medicinische Zeitung, 1841, n° 49).

BARLOW, On Relation of Sleep to convulsive Affections (Medico-Chirurgical Transactions of London, 1851).

IMBERT, Histoire d'un assoupissement extraordinaire (Histoire de l'Académie royale des sciences, 1713. Paris, 1716).

Extrait d'une lettre hollandoise qui contient l'histoire d'une léthargie extraordinaire (Journal des savans, 1707. Amsterdam, t. XXXVI. Supplément du Journal, p. 133).

Amati, Lusitani medici physici praestantissimi curationum medicinalium centuria prima, multiplici variaq; rerum cognitione referta. Florentinae, 1521, curatio 9, p. 92 et suiv.

Miscellanea curiosa sive ephemeridum, 1678, p. 113, obs. 68.

Rumelio, Prophylace Medico Practica luis epidemiae. Norimbergae, 1624. Centurio, I, p. 68.

Schurigio, Chylologia historico-medica, 1725. Dresdae, p. 228.

Oliver (W.), A relation of an extraordinary sleepy Person at Tinsbury near Bath. Philosophical Transactions, 1704 et 1705. London, 1706, t. XXIV, n° 304, p. 2177 et suiv.

Histoire de l'Académie royale des sciences, 1739. Paris, 1741, p. 15.

Fichet de Flechy, Observations sur differens cas singuliers. Paris, 1761, p. 200 et suiv.

Burette, Sur un dormeur extraordinaire (Recueil périodique d'observations de Médecine, etc., 1754, t. 1, p. 249).

Haller, Anfangsgründe der Physiologie des menschlichen Körpers, 1772, t. V, p. 1147.

Wendelstadt, Siebenwöchentlicher Schlaf (carus) (Journal der pract. Arzneykunde etc., von Hufeland, 1797. p. 434.

Stoll, Praelectiones in diversos morbos chronicos. Vindobonae, 1788, t. I, p. 350.

Philosophical Transactions for 1700-1720, t. V, p. 353.

Reisin, Sur un sommeil convulsif, etc. (Journal de Médecine, de chirurgie, etc., 1808, t. XXXIII, pag. 265 et suiv.).

Chantourelle, De la léthargie et des affections soporeuses (Journal général de Médecine, de Chirurgie, etc., 1820, t. LXXII, p. 335 et suiv.).

Oelze, Heilung einer vier monatlichen Schlafsucht (Hufelands's Journal der practischen Arzneykunde, 1833, cap. 4, p. 3 et suiv.).

Ward Cousins (John), A case of remarkably prolonged and profound sleep (The Medical Times and Gazette, 1863, t. 1, p. 396. Ibidem, 1865, t. II, p. 113).

Vogt, Würzburger Medicinische Zeitschrift, 1863, t. IV, livr. 3, p. 163 et The British and Foreign Medico-Chirurgical Review 1865, t. LXIX-LXX, p. 249.

La Revue médicale, 1863, t. 1, p. 698.

Chabert, Sommeil prolongé, etc. (Recueil de Médecine, de Chirurgie, etc., 1867).

Ginson, Case of a prolonged and profound sleep occuring at intervals during twenty years (The British Medical Journal, 1863, t. 1).

Westphal, Zwei Krankheitsfälle (Archiv für Psychiatrie, 1877, t. VII).

Gay (John), The Lancet, juillet 1880.

Johns, The Lancet, 22 mai 1869.

Dann, Journal of nervous and mental diseases 1884, t. XI.

Lauffenauer, Sitzung der Gesellschaft der Aerzte zu Budapest, 7 juin 1884.

Foot, The British Medical Journal, 11 décembre 1886.

Walsche (Walter-Hayle), A practical treatise on the diseases of the lungs. London, 1877, p. 546.

Maudsley, The Physiology and Pathology of Mind, 1868, p. 160.

Weiss, Vierteljahrschrift für die practische Heilkunde, 1879, t. CXLIV.

Mackenzie (Cumming), Journal of Mental Science, 1891, t. XXXVII.

Mackenzie, On Chorea (The British Medical Journal, 1887, t. 1).

Henle, Ueber das Gedächtniss in den Sinnen (Wochenschrift für die gesammte Heilkunde, 1838, p. 285).

Brown (Crichton), Acute Dementia (West Riding Lunatic Asylum Medical Reports, 1874, t. IV).

Ball, Hemianaesthesia removed by static Electricity (The Lancet, 2 octobre 1880).

Matthaei, Horn's Archiv für medizinische Erfahrung, juin 1815.

Heidenhain, Deutsche medizinische Wochenschrift, 21 février, 1880.

Le même, Ueber Hypnotismus.

Jackson (Hughlings), On automatic Actions during Coma Medical Times and Gazette, 1875, t. 1.

Laycock, A Chapter on some organic Laws of personal and ancestral Memory (The Journal of Mental Science, 1875, n° 94).

Broca, Deutsche medizinische Wochenschrift, 6 novembre 1886.

Sauvages, Nosologie methodica sistens Morborum classes, Amsterdam, 1768, t. 1.

Walsch, On Sleep (The Lancet, 1846, t. II).

Marshall Hall, Medico-Chirurgical Transactions, 1839, t. IV, 2e série.

Huxley (Thomas), An address . on the theories of life and motion (The British Medical Journal, 29 août 1874).

Wynter, The Borderland of Insanity, 1875.

Narrative of the United States Exploring Expedition, t. I, p. 125.

Treviranus, Biologie. t. V, p. 458.

Regnard, Sorcellerie, Magnétisme, Morphinisme, Délire des grandeurs, 1887.

Cawle (Clay-Mac), Seminole Indians of Florida. Fifth annual Report of the Bureau of Ethnology 1883-1884, p. 493 et suiv.

Carpenter, Elements of Mental Physiology, 1864, p. 654 et suiv.

Beard, The Nature and Phenomena of Trance (Archives of Electrology and Neurology, 1875. New-Jork, t II, n° 1).

Pritchard, Édinburgh Fhilosophical Transactions, 1840.

Combe, Edinburgh Prenological Journal, octobre 1838.

The British and Foreign Medical Journal, 1845, t. XIX.

Brown-Séquard, The Medical and Surgical Reporter, 1874, t. XXX.

Jessen, Doppeltes Bewusstsein. Allgemeine Zeitschrift für Psychiatrie, 1865, t. XXII.

Dunn, Case of Suspension of mental faculties, etc. (The Lancet, 1845, t. II).

Forbes Winslow, Obscure Diseases of the Brain and Mind p. 335.

Carpenter, Mental Physiology, 1874, p. 479 et suiv.

Manacéïne (Marie de), De l'écriture en général et de l'écriture de miroir en particulier, 1883 (en russe).

Mayo, Case of Double Consciousness (The London Medical Journal, 1845, t. I, p. 1202).

Diderot, OEuvres complètes. Edition 1875, t. II, p. 162 et suiv.

Abercrombie, Researches on the Pathology of the Brain (The Edinburg Medical and Surgical Journal, 1819, t. XV, p. 23 et suiv.).

Wigan, A New View of Jnsanity (The Duality of Mind, 1844, p. 46).

Bourru et Burot (P.), De la multiplicité des états de conscience chez un hystéro-épileptique (Revue philosophique de la France et de l'étranger, 1885, t. XX).

Les mêmes, Variations de la personnalité. Paris, 1888.

Mitchell and Nott, Medical Repository, janvier 1816.

Mac-Nish, Philosophy of sleep, 1830.

Dufay, La notion de la personnalité (Revue scientifique, 15 juillet 1876).

Azam, Double conscience et altérations de la personnalité. Paris, 1887 (Bibliothèque scientifique contemporaine, 1887).

Ribot, Maladies de la mémoire.

Le même, Maladies de la personnalité. Paris, 1885.

Richet (Charles), Revue philosophique, mars 1883.

Janet (Pierre), Revue philosophique, décembre 1886.

Mackenzie (Stephen), The sleeping Sickness of Africa (Transactions of the Clinical Society of London, 1891, t. XXIV).

Trowbridge, Philadelphia Medical News, 21 février 1891.

Manacéïne (Marie de), Suppléance d'un hémisphère cérébral par l'autre (Archives italiennes de Biologie, t. XXI, fasc. 2, 1894).

III

HYGIÈNE DU SOMMEIL

Puisque nous consacrons presque le tiers de notre vie au sommeil, il est naturel de se demander comment il faut dormir et combien de temps.

La quantité de sommeil est ordinairement en raison inverse de la force et du développement de la conscience chez l'homme, et c'est pour cela que les enfants ont besoin d'un sommeil plus prolongé que les adultes et d'autant plus que l'enfant est plus jeune, puisque le développement de la conscience est à peu près parallèle à celui de l'âge. Chez les enfants à la mamelle, la conscience est si peu développée qu'il suffit d'une courte période de veille pour la fatiguer. En outre, grâce à la rapidité de leur croissance, les phénomènes de l'échange plastique, de la nutrition, prédominent sur les phénomènes de la circulation active. Après les travaux de Soltmann et de Tarchanoff, il n'est plus douteux que le mécanisme anatomique de l'activité supérieure intellectuelle demeure, chez les nouveau-nés, pendant les premiers temps de leur vie extra-utérine, dans un état rudimentaire. Et l'on voit en effet que les enfants, pendant les premières années de la vie, sont assez inhabiles à parler : ils n'y parviennent que lentement et graduellement. A cet âge, le sommeil doit nécessairement prédominer sur l'état de veille, et la vie inconsciente réflexe sur la vie intellectuelle consciente.

Les bonnes, les nourrices et souvent même les mères aiment que les petits enfants dorment le plus longtemps possible, par des raisons tout à fait égoïstes, car plus un enfant dort, plus il leur laisse de temps libre.

En présence de ce fait, il convient de rappeler que le sommeil exagéré peut être très nuisible, parce que la conscience, pour son développement, exige avant tout d'être exercée, et c'est pourquoi il est nécessaire de veiller à ce que le nouveau-né, dès les premiers jours de sa vie, ne passe pas toute la journée à dormir, mais demeure éveillé pendant quelque temps. Aussi, tous les moyens d'endormir artificiellement les enfants par des sensations monotones doivent-ils être sévèrement proscrits, comme les berceuses monotones et pas du tout musicales, le balancement des bébés dans le berceau ou simplement dans les bras, etc. J'ai reconnu, au moyen d'expériences directes, que le balancement sur des escarpolettes, ne fût-ce même que pendant 15 minutes, provoque chez des adultes tout à fait sains un abaissement de température de 0°,5 C. et des phénomènes d'anémie du cerveau avec un mal au cœur plus ou moins prononcé.

L'abaissement de la température du corps provoqué par le balancement peut arriver quelquefois jusqu'à 1°,5 C. Le Dʳ Alexandre a même proposé, au commencement de ce siècle, de balancer les fiévreux pour abaisser leur température anormale. Par conséquent, en balançant un enfant dans nos bras ou dans le berceau, nous provoquons artificiellement le sommeil; premièrement, parce que nous fatiguons sa conscience par toute une série de sensations monotones; secondement, parce que nous provoquons en même temps une anémie artificielle du cerveau. Les auteurs qui ont avancé que le berceau doit être considéré comme une source féconde de la stupidité humaine et même de l'idiotisme ont donc eu parfaitement raison, quoiqu'ils ne pussent présenter à l'appui de leur opinion aucun fait expérimental.

En Allemagne, il existe même un proverbe ainsi conçu, ou à peu près : « On l'a balancé jusqu'à la stupidité »; ainsi le peuple lui-même a remarqué quelquefois l'influence nuisible du berceau et du balancement des enfants.

Il ne faut donc pas endormir les enfants par des

moyens et des remèdes artificiels, puisqu'un sommeil exagéré n'est pas moins nuisible à l'homme que le manque de sommeil. C'est pourquoi, lorsqu'il s'agit de petits enfants et de nouveau-nés, nous devons veiller à ce que leur sommeil ne s'interrompe ni ne se prolonge artificiellement; pour les 4-6 premières semaines de la vie, la période de veille doit être de deux heures par jour. Ensuite, à mesure que le poupon devient de plus en plus grand, la durée de cette période s'accroîtra peu à peu. Les enfants de 1 à 2 ans ont besoin de 18 à 16 heures de sommeil par jour; entre 2 et 3 ans, de 17 à 15 heures; entre 3 et 4 ans, de 16 à 14 heures; entre 4 et 6 ans, de 15 à 13 heures; entre 6 et 9 ans, de 12 à 10 heures; entre 9 et 13 ans, de 10 à 8 heures de sommeil. Puis, dans l'âge critique de la transition de l'enfance à l'adolescence, la durée du sommeil doit être augmentée un peu : 8 à 10 heures de sommeil par jour sont alors nécessaires. A la fin de cette période, cette durée peut être abaissée jusqu'à 7 ou 9 heures par jour, et ce n'est qu'après l'achèvement de la croissance, c'est-à-dire de 19 à 20 ans, que nous croyons possible de réduire la durée du sommeil jusqu'à 6 ou 8 heures par jour. Les hommes arrivés à l'âge moyen de la vie, c'est-à-dire à l'âge où la conscience et avec elle toutes les autres facultés psychiques se trouvent au zénith de leur développement, peuvent se contenter certainement de 7 à 5 heures de sommeil par jour, mais seulement dans le cas de santé parfaite.

*
* *

En ce qui concerne les personnes âgées, les vieillards, la quantité de sommeil nécessaire varie suivant l'état de leur conscience, suivant le degré de son affaiblissement. Si, à mesure que s'approche la vieillesse, la conscience s'affaiblit et avec elle toute la sphère intellectuelle en général, le besoin de sommeil sera le même que chez les enfants dans les premières années de leur vie. Nous avons cité plus haut le mathématicien français bien connu, M. Moivre, qui, pendant la dernière année de vie, dormait 20 heures par jour.

Un affaiblissement semblable de la conscience est parallèle à celui de la mémoire, qu'on observe si souvent chez les hommes arrivés au seuil de la vieillesse. Comme exemple, nous nommerons ici le célèbre Linné : dans sa vieillesse, sa mémoire avait tellement baissé, qu'ayant pris une de ses œuvres pour lire, il oubliait aussitôt qu'il avait dans ses mains un de ses propres livres, et de plus en plus charmé par sa lecture, il se prenait à dire :

« — Comme c'est bien ! Que ne donnerais-je pas pour avoir écrit cela ! »

Au contraire, si la conscience et toutes les facultés intellectuelles conservent chez les vieillards leur vigueur normale, le besoin de sommeil paraît devenir moindre, et l'on observe même une tendance à l'insomnie. Cela s'explique pourtant sans difficulté, puisque toutes leurs conditions d'existence éloignent d'eux, plus ou moins, tout ce qui pourrait conduire à l'épuisement de leur conscience. Pour nous expliquer, nous rappellerons que, chez les personnes d'un âge avancé, toutes les passions se retirent peu à peu au second plan; en même temps leurs goûts, leurs convictions, leur caractère, deviennent plus arrêtés, plus fermes et persévérants. Par suite, on rencontre de plus en plus rarement chez eux cette lutte intérieure de l'homme avec soi-même, cette lutte de nobles idéals avec les tendances matérielles égoïstes, dans laquelle les gens plus jeunes dépensent tant de forces et de santé. Il est clair que cette lutte intérieure de l'homme avec soi-même, avec ses passions et ses tendances, n'est possible que grâce à un travail actif de la conscience, et par conséquent la conscience, chez les vieillards, pourvu qu'elle se soit conservée dans toute sa vigueur, doit se fatiguer moins que chez les adultes, et en définitive on observe chez eux un moindre besoin de sommeil et même des insomnies.

Comment faudrait-il donc régler le sommeil des hommes parvenus à la vieillesse et qui se distinguent par la même tendance au sommeil que les petits enfants? Sachant que, pendant le sommeil, la conscience et avec elle la vie intellectuelle consciente se reposent, c'est-à-dire demeurent inactives, et que toute inactivité prolongée d'un organe quelconque de notre corps conduit nécessairement à l'affaiblissement de ses fonctions et finalement à son atrophie, nous comprendrons facilement qu'un sommeil exagéré peut être plus nuisible qu'utile, puisque l'inactivité même de la conscience doit l'affaiblir encore plus, et par conséquent développer peu à peu un état semblable à celui dans lequel se trouvait le mathématicien précédemment cité, M. Moivre.

Pour les vieillards, ainsi que pour toutes les personnes de différents âges se distinguant par une forte tendance au sommeil, on pourrait donner le conseil suivant : ils doivent absolument s'abstenir de souper, car il résulte des observations de Durham que l'introduction des aliments dans l'estomac avant le sommeil accentue à un degré notable l'anémie du cerveau qui accompagne le sommeil. On peut recommander en outre un massage de tout le corps et des bains froids, ou des frictions avec une éponge imbibée d'eau fraîche.

Si grande que soit leur tendance au sommeil, on ne saurait pourtant pas permettre à ces vieillards de dormir plus de dix heures dans une journée, et c'est seulement dans le cas d'une faiblesse accentuée, que l'on irait jusqu'à 12 heures, non d'emblée, mais en deux fois. On ne doit pas oublier que l'organisme s'accoutume à tout, même à ce qui lui est nuisible. Ainsi, par exemple, on peut s'habituer à s'endormir à chaque heure du jour, et dans une certaine position, et sous l'influence d'une certaine sensation. On a vu des hommes s'endormir dès qu'ils plaçaient leurs mains d'une certaine façon, ou fixaient du regard un certain objet brillant (Hammond, Ball). Par conséquent, les personnes qui ont une propension exagérée au sommeil doivent la surveiller et la combattre autant qu'il se peut, sinon leur somnolence ira en augmentant par la répétition même, et ils seront obligés de dormir de plus en plus. Il est clair cependant que les phénomènes de la nutrition plastique, de la restitution des tissus ne peuvent se prolonger indéfiniment; ils sont limités par l'intensité des dépenses précédentes. Donc, si l'homme dort plus longtemps que ne l'exigent le repos de sa conscience et l'accomplissement des actes de nutrition et de restitution des tissus, il en résultera, premièrement, un affaiblissement de la conscience, faute d'un exercice suffisant, et, secondement, une adaptation des vaisseaux à un certain état exagérant la circulation nutritive au détriment de la circulation fonctionnelle; par suite, on peut redouter des troubles dans l'échange des gaz et une surproduction d'acide carbonique dans le corps. Et tout cela n'est aucunement indifférent pour l'organisme, car la santé risque tôt ou tard de s'en trouver plus ou moins compromise.

La nutrition du cerveau peut dévier de son état normal, au point de vue non seulement quantitatif, mais aussi qualitatif; ainsi, par exemple, le cerveau peut recevoir une quantité exagérée de substances albuminoïdes, de lécithine (Hughlings Jackson, Thudichum), et plusieurs auteurs ont expliqué le développement de l'épilepsie, c'est-à-dire d'une maladie liée à l'interruption de la conscience, précisément par cette alimentation albuminoïde exagérée. Nous avons déjà dit que les accès de cette maladie apparaissent souvent pendant le sommeil, la nuit; tout le monde sait aussi qu'ils sont toujours accompagnés de la perte de la conscience, et, à force de se répéter souvent, mènent à la stupidité, à l'idiotisme. On a essayé de traiter l'épilepsie, d'un côté, par l'amoindrissement des substances albuminoïdes dans les aliments, et, de l'autre, par la ligature des artères vertébrales du cou (Alexandre, Reyer), le tout avec succès. Tout cela prouve que l'alimentation peut être nuisible sous deux rapports — quantité et qualité — et que le sommeil excessif, en exagérant la nutrition surtout albuminoïde, peut nuire grandement à la santé.

Des observations personnelles m'ont donné la ferme conviction qu'un sommeil excessif est également pernicieux dans tous les âges de la vie. Dans l'enfance, il peut facilement développer outre mesure la vie végétative de l'organisme avec affaiblissement simultané des actes nerveux cérébraux. Si l'on compare les enfants qui dorment beaucoup avec ceux qui dorment peu, il est facile de se convaincre que les premiers sont plus nourris, plus gras; mais leur système musculaire est bien souvent plus faible qu'à l'état normal. En même temps, ils se distinguent par un tempérament phlegmatique et par un retard dans leur développement intellectuel. Au contraire, les enfants qui dorment peu sont pour la plupart nerveux et précoces. Un développement normal, c'est-à-dire ni trop lent, ni trop hâtif, des facultés intellectuelles exige entre autres que le sommeil des enfants corresponde aux besoins réels de l'organisme et qu'il ne pèche ni par exagération, ni par insuffisance.

* *

Puisque le sommeil s'accompagne d'une plus ou moins complète inactivité des principaux organes et tissus du corps, et que toute inactivité prolongée mène à l'affaiblissement de chaque organe et de chaque tissu, il est naturel qu'un sommeil excessif conduise nécessairement à l'affaiblissement du tonus des parois vasculaires, ainsi que des différentes membranes animales, ce qui peut de son côté amener des conséquences assez graves. Prenons un exemple : à la suite d'observations répétées, j'ai pu reconnaître qu'un sommeil prolongé de 10 à 12 heures provoque souvent chez les enfants, après le premier âge et surtout pendant l'adolescence, la production temporaire de l'albuminurie. Et pourtant l'on sait que la présence de l'albumine dans les urines, même quand les reins sont tout à fait sains, représente toujours un phénomène inquiétant, en risquant d'habituer le tissu rénal à filtrer l'albumine, et de compromettre ainsi, à la longue, le fonctionnement normal d'organes aussi importants pour la vie.

Une albuminurie semblable s'observe toujours chez les enfants qui, une fois dans leur lit, dorment d'un sommeil continu jusqu'au matin et ne se réveillent même pas pour vider leur vessie. A leur réveil, ils éliminent une urine abondante tout à fait normale ; mais après avoir marché, joué trois ou quatre heures, ils expulsent un liquide plus rare, mais albumineux. Vers le soir, leur urine redevient mormale, malgré la fatigue de l'organisme. L'origine de cette sorte d'albuminurie s'explique facilement ; pendant les dix ou douze heures de leur sommeil, il s'accumule dans les reins, dans l'uretère et dans la vessie une telle quantité d'urine qu'elle distend fortement tous ces organes et par suite amoindrit leur tonus. Quand l'enfant se réveille, l'élimination de l'urine accumulée ne peut restituer la tonicité normale des tissus ; la position debout ou la position assise contribue évidemment à augmenter la pression sanguine dans les reins, et sous l'influence de tous ces phénomènes le tissu rénal donne passage à l'albumine du sang en plus ou moins grande quantité. La justesse de notre explication est démontrée par le fait que, si l'on réveille les enfants après quatre ou cinq heures de sommeil et si on les oblige à éliminer leur urine, l'albumine disparaît complètement dans les urines du jour. Par conséquent, dans ces cas, le mécanisme du développement de l'albuminurie rappelle celui qui s'observe pendant la compression de l'uretère. Personne, jusqu'à présent, ne prêtait d'attention à ce mode de développement de l'albuminurie, et cela se conçoit, puisque l'on croit malheureusement inutile d'examiner les urines des personnes paraissant tout à fait saines. En me basant sur mes propres observations, je suis arrivée à me convaincre que l'albuminurie par rétention d'urine, prolongée un ou deux ans, augmente graduellement, de sorte que la quantité d'albumine dans les urines du jour peut s'élever jusqu'à 2 p. 1000 ; évidemment les tissus rénaux s'habituent de plus en plus, par la répétition, à laisser passer l'albumine. Il est clair que ces pertes d'albumine doivent nécessairement affaiblir l'alimentation et les forces de l'organisme ; vienne à s'ajouter encore quelque influence nuisible pour les reins, et il peut en résulter une maladie sérieuse de ces organes, comme l'a indiqué Noorden en traitant la question de l'albuminurie physiologique.

*
* *

Ces exemples suffisent, je pense, pour établir qu'un sommeil exagéré peut compromettre non seulement la santé psychique, mais encore la santé physique, et ce, même dans les années de l'enfance.

Chez les personnes âgées, la tonicité des différents tissus se trouve déjà plus ou moins affaiblie, et c'est pourquoi un sommeil trop prolongé doit agir sur eux d'une manière encore plus pernicieuse, doit contribuer beaucoup au développement de différentes stases du sang, ainsi que d'autres liquides du corps, et influer aussi, par contre-coup, sur les phénomènes nutritifs généraux de l'organisme ; dans certains cas, des stases semblables, pendant l'affaiblissement de la tonicité des vaisseaux, peuvent conduire à des apoplexies, à des hémorragies. Un sommeil exagéré peut nuire aussi grâce à l'absence des excitations habituelles et à l'uniformité de la position. Chacun de nous connaît les suites désagréables de l'engourdissement des extrémités ; mais quelquefois l'uniformité de la position pendant le sommeil provoque non seulement l'engourdissement et l'insensibilité des membres, mais aussi une paralysie complète, comme le démontrent des observations directes.

On trouve dans la littérature médicale des descriptions de toute une série de cas de paralysies nocturnes, par Weir Mitchell, Ormerod, Sinkler, Saundby, Féré, Schreiber et d'autres.

En outre, un séjour excessif dans le lit peut conduire, chez les adultes et les personnes âgées, au développement de calculs biliaires, puisque pendant un sommeil tranquille et prolongé, il se forme une stase de la bile dans la vésicule biliaire et dans les conduits bilieux ; cette stase est favorisée par le ralentissement ou l'arrêt des mouvements péristaltiques de l'intestin et par la position de l'homme endormi dans un lit, position qui peut empêcher quelquefois l'écoulement de la bile de la vésicule biliaire dans le duodenum, à cause de conditions tout à fait physiques, comme par exemple quand les conduits excréteurs et leurs orifices se trouvent comprimés, ou quand la bile, pour arriver à l'intestin, doit, grâce à la position de l'homme endormi, monter verticalement. Pendant la stagnation de la bile, ses parties liquides s'absorbent, elle devient de plus en plus épaisse et cette circonstance contribue au développement des calculs et du sable biliaires.

Des conditions analogues dans le domaine des voies urinaires peuvent servir de point de départ au développement de calculs dans les reins ou dans

la vessie ; et c'est pourquoi il faut également éviter une stase trop prolongée de l'excrétion rénale
dans les voies urinaires.

Remarquons aussi en passant qu'un sommeil
prolongé, en affaiblissant la tonicité du canal
digestif, contribue au développement de constipations habituelles avec toutes leurs conséquenses
désagréables. Les petits enfants, ainsi que les adolescents, souffrent souvent beaucoup de ces constipations obstinées, et en analysant attentivement
leur régime, on reconnaît que ces malades dorment
trop : il suffit d'obliger les enfants à se lever plus
tôt, pour guérir une constipation opiniâtre et amé-
liorer la nutrition générale de l'organisme.

Dans ces dernières années, un clinicien anglais
(Andrew Clark) expliquait le développement de
l'anémie chez les jeunes filles par des constipations
opiniâtres, et il proposait même d'appeler l'anémie
ou la chlorose tout simplement « anémie fécale » ;
il ne s'est trompé que sur un point, à savoir que la
constipation opiniâtre n'est pas du tout la cause
essentielle de la maladie, mais une de ses manifestations. Suivant moi, l'origine de la chlorose doit
se trouver dans une albuminurie qui n'a pas été
reconnue à temps, et qui a eu la possibilité de se
développer. En faveur de cette opinion milite un
fait signalé déjà par plusieurs auteurs recomman-
dables : à savoir, précisément, l'existence fréquente
de l'albuminurie chez des jeunes filles et des jeunes

gens pendant la période de la puberté ; quoique on eût toutes raisons de considérer les reins de ces jeunes gens comme tout à fait sains. Dans ces cas, l'albumine s'observe constamment dans les urines éliminées pendant le jour. Pour les exemples, je renvoie aux auteurs suivants qui ont traité cette question : Vogel, Gull, Morley-Rooke, Dukes, Moxon, Rendall, Capitan, Fürbringer, etc.

Il ne faut pas oublier non plus que toutes les chlorotiques se distinguent par leur somnolence ; elles adorent dormir, et elles n'aiment pas qu'on interrompe leur sommeil ; c'est pour cela que l'on observe souvent chez elles pendant la nuit une accumulation de l'urine et une dilatation des voies urinaires ; et cela, nous l'avons dit, peut conduire au développement d'une albuminurie habituelle physiologique, qui, augmentant de plus en plus et devenant de plus en plus grave, donne à la fin des phénomènes d'une forte anémie avec œdème hydropique et albuminurie déjà pathologique. Pendant le traitement de la chlorose, il est nécessaire avant tout de diminuer le nombre des heures consacrées au sommeil et, en même temps, d'éviter toute rétention d'urine pendant la nuit. On ne doit pas perdre de vue que chez les adolescents, dans la période du développement sexuel, le sang afflue plus ou moins fort vers les organes du bassin et de la cavité abdominale, et par conséquent tout dérangement apporté au cours régulier des fonctions réna-

les peut facilement se transformer en maladie sérieuse. Sous l'influence d'un trouble général de la
nutrition et d'un sommeil trop prolongé la tonicité
des voies digestives devient plus faible ; des constipations opiniâtres se déclarent, qui, de leur côté,
retentissent d'une manière nuisible sur l'état des
reins et sur la nutrition générale de l'organisme.

*
* *

Après tout ce qui a été dit, nous n'étonnerons
personne en disant que, même pour les enfants à la
mamelle, il faut leur laisser non seulement assez
de temps pour dormir, mais aussi pour veiller. Une
anémie continue du cerveau doit nécessairement
conduire à l'affaiblissement de tout cet organe. Il
ne faut pas oublier que son activité consciente
s'accompagne d'un afflux très fort du sang vers cet
organe, d'une circulation cérébrale très active ; et
que la conscience même de l'homme, ainsi que
toutes ses autres facultés psychiques, se développe
graduellement, se fortifie et s'accroît au prix d'un
exercice continu, d'un travail persévérant. La
loi qui règle le développement et la croissance de
l'organisme reste la même pour tous les tissus,
pour toutes les facultés de l'organisme, et de même
qu'un muscle qui se trouve dans un repos continu
s'atrophie, s'affaiblit et disparaît, de même un nerf
inactif, les organes des sens, les mécanismes ana-

tomiques des différentes fonctions psychiques que l'on n'exerce pas doivent nécessairement s'affaiblir et s'atrophier.

Pour les personnes qui se distinguent par une tendance excessive au sommeil, tous les moyens sont utiles qui provoquent un afflux notable du sang vers le cerveau : toutes sortes de boissons excitantes comme le thé, le café, etc., la fréquentation d'une joyeuse société, les jeux, les plaisirs, etc.

Sous ce rapport, il est très intéressant de noter le cas communiqué par Erasme Darwin, le grand-père du célèbre auteur « *De l'origine des espèces* ». Un de ses amis était obligé de faire souvent de longues courses à cheval, ce qui le fatiguait excessivement ; il était si las, il avait tellement sommeil, qu'il pouvait à peine se tenir en selle ; mais il remarqua qu'il pouvait toujours se soustraire au sentiment douloureux de la fatigue : il lui suffisait de se rappeler quelque chose qui l'irritait ; et c'est bien naturel, car l'on sait que la colère accélère la circulation et agit en général comme un excitant.

Quelques médecins voient même d'un bon œil l'irritabilité exagérée des personnes faibles, épuisées et anémiques, car en se fâchant d'une minute à l'autre pour des bagatelles insignifiantes, ces personnes, par cela même, améliorent leur circulation cérébrale et leur santé.

Il serait donc utile pour les sujets qui ont une tendance exagérée au sommeil de soutenir de vives discussions, de jouer aux cartes, de s'emporter un peu, etc., c'est-à-dire de s'abandonner plus ou moins à des actes qui provoquent un afflux de sang vers le cerveau.

La joie peut aussi provoquer un afflux de sang vers le cerveau, par conséquent agir aussi comme excitant sur les fonctions du système nerveux central et, par son intermédiaire, sur les fonctions de tout l'organisme. Ambroise Paré avait donc raison jusqu'à un certain point de dire que les malades gais guérissent toujours plus facilement que les tristes. Toute joie occasionnant un afflux plus actif du sang vers le cerveau, il nous sera facile de comprendre pourquoi les jeux et amusements dissipent le sommeil, et l'on doit y recourir quand il s'agit de combattre une somnolence exagérée. Il ne faut pas oublier qu'une somnolence semblable peut s'observer non seulement chez les enfants et les vieillards, mais aussi chez les personnes d'un âge moyen et même chez les jeunes gens, et qu'elle peut être provoquée par une inactivité complète de l'homme, par une oisiveté absolue, c'est-à-dire par l'absence de tout intérêt, de toute occupation qui puissent intéresser l'homme.

Nous avons déjà dit que les enfants, les sauvages et les gens peu instruits, peu développés, dorment beaucoup et qu'ils tombent dans le sommeil dès qu'ils restent sans occupations, ce qui est bien compréhensible, car leur monde psychique est si pauvre qu'il leur est presque impossible de trouver dans leurs propres pensées et représentations matière à les intéresser. C'est pourquoi ils ont toujours besoin d'excitations, d'impressions du monde extérieur, sans quoi ils s'endorment grâce à la monotonie, à l'uniformité de leur monde intérieur. Il faut alors leur procurer des occupations, non point, certes, des occupations sérieuses, dignes de ce mot, mais qui correspondent au niveau général de leur développement psychique.

Ainsi, il y a des personnes pour lesquelles le fait d'observer si toutes leurs pendules sonnent simultanément ou dans un certain ordre représente une occupation sérieuse et intéressante ; d'autres consacrent tout le temps que leur laisse libre leur sommeil et leurs repas à nourrir et à soigner des oiseaux, etc.; d'autres encore font tourner les tables, entreprennent des patiences et ainsi de suite. Ces occupations, proportionnées à l'intelligence de chacun, sont nécessaires pour écarter un sommeil exagéré et par conséquent nuisible.

La quantité de sommeil doit certainement varier avec l'âge ; mais il ne faut pas oublier non plus qu'un sommeil trop prolongé est nuisible au même degré pour tous les âges. Déjà Emmanuel Kant déclarait qu'un sommeil continu et exagéré produit une influence très pernicieuse sur la santé, que le lit peut être considéré comme un nid à maladies, quand on en use trop. Kant lui-même, dont la vie intellectuelle consciente était très puissante, dormait très peu. De même Humboldt, Gœthe, Frédéric le Grand, Schiller, Chatterton ; Mirabeau se contentait de deux à trois heures de sommeil, Napoléon Ier, de quatre à six heures par jour.

***

Après la question d'un sommeil excessif, d'un sommeil superflu, nous allons examiner celle d'un sommeil insuffisant. Nous avons vu que les insomnies ne sont pas rares parmi les vieillards qui ont conservé leurs forces intellectuelles et qui, grâce aux conditions naturelles de leur âge, n'ont plus de motifs suffisants pour fatiguer leur conscience. Les insomnies s'observent aussi dans d'autres âges de la vie, mais très peu chez les enfants ; dans ce dernier cas, elles révèlent une très forte excitation du système nerveux central et comme telles, elles doivent être l'objet d'un examen sérieux.

Dans des conditions déterminées, il se développe des insomnies opiniâtres, qui consistent non en une absence complète de sommeil, mais en un sommeil léger, court et interrompu, qui disparaît sous l'influence d'un bruit insignifiant ou de tout autre excitant extérieur. Un sommeil ainsi léger et entrecoupé peut être des plus nuisibles, car, pendant sa courte durée, la nutrition plastique, la restitution des tissus n'ont pas encore eu le temps de commencer qu'elles s'interrompent déjà. Après une nuit semblable, passée dans des alternatives d'assoupissement et de réveil, on se lève ordinairement, non point rafraîchi, mais au contraire encore plus fatigué, avec excitabilité exagérée et incapacité d'accomplir un sérieux travail intellectuel.

.·.

Que faire dans des cas semblables? Puisque le sommeil normal exige une fatigue de la conscience et une anémie cérébrale, il est clair que tout ce qui peut provoquer ces états-là servira à combattre l'insomnie. Ainsi les sujets qui en souffrent devront onsacrer leurs soirées à des études uniformes, dans un milieu uniforme, en évitant toutes sortes de visites, toutes sortes de distractions. En outre, puisque une vie sédentaire contribue à développer de nombreuses irrégularités dans la circulation, il faut que les personnes atteintes d'insomnie se livrent à un exercice physique suffisant.

L'humanité civilisée contemporaine souffre en général d'un manque d'exercice musculaire. Pour se représenter d'une manière plus évidente à quel degré la civilisation a éliminé le travail musculaire de la vie habituelle du peuple, il suffit de se rappeler que, pour obtenir la quantité de farine nécessaire à nourrir tous les gens dans la maison de Pénélope, douze femmes travaillaient jour et nuit à moudre ; tandis que maintenant, au moyen d'un moulin il serait facile de préparer pendant le même temps des quantités de farine qui suffiraient pour cent mille hommes. En un mot, un ouvrier accomplit aujourd'hui le même travail pour nourrir cinq mille hommes que jadis pour en nourrir dix, tout tout au plus vingt. Même remarque dans toutes les autres directions : d'excellentes voies de communications ont réduit à rien la marche, l'équitation. En un mot les rêveries d'Aristote sur les navettes de tisserands, les meules qui devraient fonctionner d'elles-mêmes, etc., se sont réalisées complètement : mais cela ne va pas sans de tristes conséquences, développement du prolétariat d'un côté, insuffisance du travail musculaire utile de l'autre.

Les bains chauds, que l'on prend le soir (à 28° ou 29° R.) peuvent contribuer grandement à prévenir l'insomnie, de même que l'application sur la tête d'une vessie en caoutchouc remplie d'eau froide. Dans les cas où les bains chauds ne sont pas possibles pour une raison ou pour une autre, ou ne donnent pas de bons résultats, on peut envelopper le corps dans des draps de lit mouillés (Becker, Schüller et d'autres) que l'on recouvre d'une toile cirée et, par-dessus, de couvertures. Ce moyen ne doit pas être employé chaque jour, mais seulement dans les cas d'insomnie opiniâtre, car il peut vaincre l'habitude qu'a prise un organisme devenu réfractaire au sommeil. Enfin, pour les personnes souffrant d'insomnie, de légers soupers peuvent être utiles, car toute introduction d'aliments provoque un afflux de sang vers la muqueuse de l'estomac avec anémie simultanée du cerveau, comme l'ont établi des expériences directes (Holland, Durham, Becker, etc.).

Il va de soi que ces soupers ne doivent être ni copieux, ni composés de mets difficiles à digérer car alors, l'estomac ayant une tâche trop lourde, les aliments, incomplètement digérés, s'accumulant dans cet état dans l'estomac ainsi que dans les intestins, il peut en résulter des phénomènes de putréfaction et de fermentation anormales, très nuisibles pour la santé. On sait enfin qu'un estomac trop chargé occasionne des cauchemars qu'il est toujours désirable d'éviter, car ils dérangent plus ou moins le cours tranquille du sommeil normal. On ne doit pas oublier non plus que l'estomac et les intestins, quand ils sont trop pleins, déplacent d'une manière exagérée le diaphragme vers le haut, tandis que cet organe, pendant le sommeil, doit au contraire être maintenu dans un état de relâchement (Mosso). C'est même par ce relâchement habituel du diaphragme que certains auteurs expliquent l'aggravation des maladies pulmonaires pendant le soir et la nuit. Tout déplacement du diaphragme vers le haut doit nécessairement amoindrir le volume des poumons; suivant les observations de Gerhardt, cet amoindrissement est de 1 centimètre cube par chaque 24 centimètres cubes de liquide introduit dans l'estomac, et Fabius a démontré d'un autre côté, que le volume des poumons augmentait, chez l'homme sain, de 250 centimètres cubes après l'introduction des laxatifs.

Le lecteur se demandera quel rapport il peut exister entre une plus ou moins grande capacité pulmonaire et le sommeil normal? Mais c'est bien simple. Toute diminution de la capacité pulmonaire entraîne nécessairement une diminution correspondante dans l'oxydation du sang, c'est-à-dire dans l'absorption de l'oxygène. Or, dans la première partie de ce livre, nous avons vu que, pendant le sommeil, comme le démontrent des expériences malheureusement encore peu nombreuses, il se fait une absorption exagérée d'oxygène, pour ainsi dire une sorte de réserve pour les besoins de la vie à l'état de veille. Donc la diminution de la capacité pulmonaire, en limitant plus ou moins l'absorption de l'oxygène par les globules rouges sanguins, par cela même interrompt le cours régulier des processus physiologiques pendant le sommeil; et toute diminution de l'oxygène intra-moléculaire doit nécessairement affaiblir l'activité de tous les organes du corps et, partant, compromettre la régularité de la nutrition.

Que la surcharge des voies digestives exerce une influence nuisible sur la santé générale et surtout sur l'état psychique de l'homme, c'est un fait reconnu depuis longtemps. Ainsi, par exemple le professeur Schroeder van der Kolk a établi qu'une semblable surcharge peut provoquer non seulement une humeur triste, sombre, mais même de sérieux dérangements mentaux. C'est à quoi le spirituel Voltaire faisait allusion, en disant qu'avant de demander quelque chose à un ministre il faut « s'informer adroitement s'il a le ventre libre ». Tout cela est évident, si l'on se rappelle que, pour sa vie consciente intellectuelle, l'homme a besoin d'une circulation et d'une oxydation actives et par conséquent d'une riche provision d'oxygène intra-moléculaire.

Les personnes qui s'endorment difficilement se trouveront bien aussi de prêter l'oreille à certains sons monotones, par exemple aux battements d'une montre placée sous l'oreiller, puisque l'uniformité des impressions épuise très vite la conscience et provoque ainsi la somnolence ; de la même manière agit toute autre sensation monotone, — auditive, visuelle, ou tactile.

Pour les sujets portés à un sommeil exagéré, il est toujours utile de dormir dans une chambre sans rideau, afin que la lumière du jour ait un libre accès dans la chambre dès le matin, et puisse, par toute une série de sensations provoquées chez le dormeur, le préparer au réveil. Au contraire, les personnes sujettes à l'insomnie devront avoir des rideaux à toutes les fenêtres, puisque, grâce à l'excitabilité exagérée de leur système nerveux, même un faible rayon de lumière peut facilement les réveiller trop tôt, c'est-à-dire avant que la nutrition plastique ait pu se terminer.

.·.

Pour comprendre l'influence énorme que peut exercer la lumière du jour sur notre organisme, il suffit de se rappeler que dans l'obscurité, même à l'état de veille, les hommes éliminent beaucoup moins d'acide carbonique que pendant qu'il fait clair ; si la quantité d'acide carbonique éliminée par la peau dans l'obscurité équivaut à 100, elle s'élèverait à 113° sous l'influence de la lumière et dans les mêmes conditions, comme l'ont établi les expériences de Fubini et de Ronchi. Le même phénomène a été observé sur les animaux par Moleschott, Platen, Selmi et Piacentini, et par conséquent nous nous trouvons en présence d'une loi commune à tout le règne animal en général.

Un intérêt tout à fait particulier s'attache à celles de ces expériences dans lesquelles on n'enfermait pas les animaux dans l'obscurité, mais on leur tenait simplement les paupières fermées par des morceaux de diachylum : les échanges gazeux se montraient déjà altérés (Platen). Le docteur Dewar a reconnu par des observations directes que, sous l'influence de la lumière sur l'œil, les forces électromotrices du cerveau présentent des modifications. L'importance de la lumière pour notre vie intellectuelle consciente est si grande, qu'un meilleur éclairage de nos maisons, grâce à de plus grandes fenêtres, à des lampes plus perfectionnées, et de nos rues, grâce au gaz et aux becs électriques, doit favoriser sans aucun doute la marche du progrès de la vie sociale, comme l'a déjà remarqué Purkinje. En un mot, la lumière chasse non seulement la somnolence, mais réveille aussi les masses du peuple et les achemine vers une vie plus active, plus consciente. Il suffit de se représenter l'existence des peuples de l'extrême nord, où, pendant la plus grande partie de l'année, règne l'hiver avec ses nuits sans fin, où le soleil reste des mois sans se montrer, pour reconnaître que le côté conscient de leur vie psychique se trouve à un degré de développement très inférieur; et c'est pourquoi ils sacrifient beaucoup de temps au sommeil.

Un observateur très distingué (Jean Müller) a remarqué que dans l'obscurité nous ne pouvons jamais être aussi spirituels qu'à la lumière; et cela est évident pour quiconque sait que l'obscurité, surtout combinée avec le silence, nous prive de toutes nos sensations habituelles, de toutes les excitations du monde extérieur, et par là affaiblit notre conscience, laisse prédominer le monde des actes réflexes. Schopenhauer a dit que l'heure de minuit et l'obscurité nous font peur seulement quand nous sommes seuls ; mais il suffit de nous entourer d'une société et de nous éclairer pour oublier que minuit est l'heure des apparitions et des esprits ; et il en conclut qu'en réalité dans l'obscurité nous avons peur de nous mêmes, de nos propres représentations et du jeu de nos organes sensoriels. Une remarque analogue a été formulée par Dugald Stewart ; mais en analysant la peur qui investit l'homme dans l'obscurité et dans le morne silence des nuits, on ne doit pas perdre de vue que, dans ces conditions, les excitations du monde extérieur sont réduites au minimum, et que nos appareils cérébraux se reposent temporairement ; leur excitabilité augmente, ce qui doit nécessairement nous prédisposer aux jeux de notre fantaisie, à l'apparition d'images diverses dans le champ de vision de notre conscience et, pour ainsi dire, à des hallucinations centrales et périphériques.

La grande importance de la lumière pour les différents tissus de notre corps est confirmée, entre autres, par des observations nouvelles sur la propriété qu'a la lumière électrique d'apaiser la souffrance en éclairant les points douloureux (Stein, Netchaïeff).

Après avoir examiné dans quelle mesure on doit obscurcir la chambre à coucher suivant que le sujet est enclin à un sommeil exagéré ou à l'insomnie, nous devons aborder un autre côté de la question : faut-il mettre des rideaux aux fenêtres d'une chambre à coucher des personnes dont le sommeil est normal, c'est-à-dire ni insuffisant, ni exagéré? Dans ce cas, il sera bon de se rapprocher le plus possible des conditions normales; si donc les fenêtres regardent au nord ou à l'ouest, c'est-à-dire, si elles sont disposées de façon que dans les heures matinales les rayons du soleil ne puissent pas tomber dessus, le mieux serait de les laisser telles qu'elles sont, sans rideaux. Lorsque, suivant la position de l'appartement, des raisons de convenance exigent que les fenêtres de la chambre à coucher soient masquées, l'on doit employer exclusivement des stores blancs, en toile ou en calicot, qui laissent passer la lumière. Des stores semblables, dans les cas où les fenêtres regardent à l'orient, préserveront la vue contre les rayons lumineux du soleil levant, pendant la période du réveil.

Puisque nous venons de toucher à la question de la chambre à coucher, il nous semble préférable d'en finir tout de suite. Une bonne chambre à coucher doit être avant tout spacieuse, car l'homme endormi a besoin d'une grande quantité d'air frais; une ventilation active est non moins nécessaire. Il est évident que la ventilation doit se faire de manière à éviter des courants d'air froid, puisque, grâce à la transpiration augmentée de la peau pendant le sommeil, celle-ci est très sensible au froid, et l'homme endormi se refroidit plus facilement qu'à l'état de veille (Sorgewohl). Pour avoir dans la chambre à coucher une plus grande provision d'air frais, on ne l'encombrera point de draperies et de meubles. Le lit doit être placé près du mur intérieur, le plus loin possible des fenêtres et de la cheminée, pour éviter les courants d'air, toujours plus actifs près de ces endroits. La température de la chambre où couchent des personnes en bonne santé doit être fraîche, et maintenue à 10° ou 12° R. Pour les enfants, dans les premières années de la vie, il faut une température plus chaude. Dans les premiers jours de la naissance cette température doit être maintenue entre 18° et 19° R.; à la fin du premier mois, elle doit être abaissée jusqu'à 18°-17° R.; à la fin du second, jusqu'à 17°-16° R.; à quatre mois jusqu'à 16°-15° R.; au bout d'un an jusqu'à 15°-14° R.; et dans la quatrième année de leur âge, les enfants peuvent dormir à la température de 14°-12° R.

Chacun peut aisément reconnaître par lui-même qu'une nuit passée dans une chambre trop chaude ne donne jamais la sensation de fraîcheur et de bien-être que procure le sommeil dans une chambre fraîche. Au contraire, nous nous levons toujours avec la tête lourde, avec une sensation de fatigue dans tout le corps, avec la figure un peu bouffie, avec les paupières gonflées. Il n'y a là rien d'étonnant, car une chaleur exagérée de la chambre à coucher augmente encore plus la transpiration cutanée qui se développe pendant le sommeil normal ; c'est absolument comme si l'on prenait un bain d'air chaud, avec cette seule différence, qu'un pareil bain ne dure jamais aussi longtemps que le sommeil normal de l'homme.

L'activité augmentée et continue de la peau peut provoquer une transsudation séreuse légère et l'enflure de toute la peau. Il est évident que tout cela doit nécessairement fatiguer l'homme et, ce qui est pire, affaiblir les vaisseaux cutanés, abolir leur tonicité normale, et, par contre-coup troubler la sphère vasomotrice, si importante pour le cours normal des phénomènes de la vie physique et psychique. En général, l'enflure des paupières ou du visage au réveil est un sûr indice que les conditions du sommeil n'ont pas été normales : ou l'on a trop dormi, ou la température de la chambre à coucher était trop élevée, ou l'air n'y était pas pur.

Si pour telle ou telle raison on est obligé de dormir dans une chambre trop chaude, on doit toujours diminuer le nombre des heures que l'on sacrifie au sommeil. En général on peut prendre comme règle, que plus la température de la pièce est élevée, moins on doit dormir. Il en résulte évidemment que l'homme doit dormir moins pendant l'été que pendant l'hiver et dans le midi moins que dans le nord.

En poussant plus loin l'analyse de cette question, nous nous convaincrons que l'influence de la chaleur peut, sous plus d'un rapport, renforcer les phénomènes qui accompagnent le sommeil. Ainsi, par exemple, on sait que les vaisseaux périphériques, sous l'influence de la chaleur, se dilatent et se gorgent de sang, et qu'il se développe simultanément une anémie relative des organes intérieurs et par suite du cerveau. Dans le même sens agit le sommeil. D'un autre côté, l'on sait que la chaleur affaiblit la tonicité des différents tissus ; le même résultat est produit par un sommeil prolongé. C'est ce qui explique pourquoi les hémorragies nasales et autres se distinguent par leur tendance à se déclarer pendant le sommeil d'un côté, et sous l'influence d'un milieu chaud de l'autre ; parce que, dans les deux cas, la tonicité des tissus et par suite des parois vasculaires diminue, les ruptures deviennent plus faciles, d'autant plus que les vaisseaux périphériques sont dilatés alors par le sang qui s'y accumule. Il est donc nécessaire, si nous voulons éviter de compromettre notre santé, ou de maintenir la fraîcheur dans les chambres à coucher ou de diminuer le sommeil de moitié. C'est là une assertion dont chacun peut reconnaître la justesse : après avoir dormi dans une chambre trop chaude aussi longtemps que d'habitude on se sent au réveil comme abattu, appesanti, en un mot mal à l'aise. Enfin chacun peut remarquer facilement qu'il se réveille plutôt dans une chambre trop chaude, et que le sommeil lui-même est alors plus lourd.

Après avoir étudié l'influence d'une température élevée dans la chambre à coucher, nous devons rechercher maintenant de quelle façon un air impur (c'est-à-dire surchargé d'acide carbonique et pauvre en oxygène) peut agir sur l'homme endormi. Nous avons dit déjà que l'accumulation de l'acide carbonique dans l'organisme des dormeurs agit d'une manière irritante sur le centre de la sudorification, et que c'est par cette action, ainsi que par la dilatation des vaisseaux cutanés, que s'explique leur transpiration élevée. Nous savons aussi que cette accumulation de l'acide carbonique se produit normalement, l'homme qui dort éliminant des quantités d'acide carbonique moindres que l'homme éveillé. En même temps, nous avons vu que, pendant le sommeil, il se produit une absorption exagérée d'oxygène. Ces points acquis, supposons que l'air de la chambre à coucher se renouvelle insuffisamment vite, que par suite son oxygène s'épuise plus ou moins et que la quantité d'acide carbonique augmente. Qu'est-ce qui doit arriver ? Le dormeur recevra dans l'organisme à chaque inspiration trop d'acide carbonique et trop peu d'oxygène. Cette surcharge d'acide carbonique doit certainement exciter outre mesure le centre de sudorification ; par suite la transpiration du dormeur s'élèvera d'une manière exagérée, provoquant ains une transsudation séreuse, l'enflure de la peau, des œdèmes légers avec toutes leurs conséquences habituelles. C'est pourquoi il ne faut jamais oublier qu'un œdème des paupières, de la face, répété souvent, est comme un avertissement du danger dont nous menacent tels ou tels troubles survenus dans le cours normal de notre sommeil.

L'air de la chambre à coucher doit être activement renouvelé, puisque d'après Santorini l'homme, pendant le sommeil, élimine par la transpiration deux fois plus de vapeur que pendant la veille. En outre, des expériences directes sur l'homme (Voit) ont démontré que lorsque la température de la chambre est inférieure à 14°-15° C. (11°-12° R.), l'élimination de l'acide carbonique augmente ; d'autres expériences exécutées sur des animaux (chats), par le duc de Bavière Théodore, ont prouvé qu'un air frais contribue à l'élimination de l'acide carbonique et à l'absorption de l'oxygène, tandis que la chaleur augmente la déperdition de la vapeur d'eau.

Ainsi il est hors de doute que l'air de la chambre à coucher doit être le plus frais et le plus pur possible ; dans aucun cas on ne doit appliquer les couvertures sur la bouche, ce qui reviendrait à respirer tout le temps par un moyen artificiel le même air en quantité restreinte. La tête et le cou doivent rester tout à fait découverts pendant le sommeil, tandis que la partie inférieure du corps doit être soigneusement couverte, surtout chez les hommes portés à l'insomnie puisque les pieds froids peuvent empêcher de dormir.

***

Il est nécessaire de s'habituer à changer de position pendant le sommeil. Le docteur Osborn a recherché la position favorite que prennent pour dormir la plupart des hommes dans les différents âges de la vie, et il a constaté que les enfants au-dessous de 14 ans dorment à peu près également sur le côté gauche, sur le côté droit et sur le dos, mais les jeunes filles et les jeunes gens de 14 à 20 ans dorment plus souvent sur le côté droit (59), puis sur le dos (29), et plus rarement sur le côté gauche (23). Des observations analogues faites sur des soldats ont démontré aussi qu'ils dormaient plus souvent sur le côté droit que sur le côté gauche. D'un autre côté, Pelletan a remarqué que l'inflammation du poumon droit se rencontre plus souvent que l'inflammation du poumon gauche et le même fait a été noté par Andral. Cette prédominance de l'inflammation du poumon droit sur celle du poumon gauche peut être exprimée en chiffres : le rapport est comme 2,5 : 1, ou, d'après Andral, comme 2 : 1. Plusieurs auteurs ont attribué ce fait à l'habitude de dormir sur le côté droit, car, grâce à l'influence de la pesanteur, des stases passives de sang et surtout de lymphe doivent alors se développer dans le poumon droit ainsi que dans le foie. De même on explique l'inflammation des poumons plus fréquente à leur base qu'à leurs pointes, par la position verticale pendant l'état de veille. En outre, la position verticale rend aussi compte d'autres maladies : dilatation des veines dans les jambes, différentes maladies de la matrice, dérangements hémorroïdaux, etc., etc. Plusieurs auteurs conseillent même, pour éviter les stases nuisibles du sang, de varier le plus possible, pendant l'état de veille, la position de notre corps, c'est-à-dire de se tenir parfois couché ou à moitié couché, au lieu d'être tout le temps debout ou assis.

Si la position uniforme du corps exerce une action pernicieuse pendant l'état de veille, combien plus elle doit nuire à la santé pendant le sommeil, alors qu'il existe déjà sans cela une tendance à la formation des stases et que la tonicité des tissus diminue plus ou moins !

Que la position du corps influe réellement sur la sphère vasomotrice, on en a la preuve, d'un côté, dans les altérations du pouls qui, faisant 85 battements par minute pendant que l'homme est debout, n'en donne que 76 quand il est assis et 68 dans la position couchée ; d'un autre côté, la balance psycho-physiologique de Mosso nous révèle que, dans les pieds et la partie inférieure du corps, il se forme pendant l'état de veille une stase plus ou moins prononcée de sang, et que ce phénomène est d'autant plus manifeste que les tissus sont plus anémiques et flétris.

Chez les individus anémiques, affaiblis, dont les parois vasculaires ont perdu leur tonicité normale, on remarque souvent des douleurs accablantes dans le dos, le matin, pendant le réveil. Les douleurs de ce genre, dans la plupart des cas, sont dues à l'habitude de dormir sur le dos. Cette même habitude enfin peut devenir la source de cauchemars, car alors, l'estomac, s'il est rempli d'aliments, comprime l'aorte descendante et provoque par cela même un afflux plus considérable de sang vers le cerveau par l'aorte ascendante (Osborne).

En m'appuyant sur mes propres observations, je puis affirmer que, pour la nutrition régulière de tous les tissus et organes de notre corps, il est important de veiller à ce que la position du corps change le plus souvent possible pendant le sommeil ; pour cela il faut profiter de chaque réveil pendant la nuit et dormir tour à tour sur le côté droit, sur le côté gauche et sur le dos ; en outre, chaque matin, avant de se lever, il est bon de rester pendant une demi-heure au moins étendu sur le ventre. Au commencement, grâce au manque d'habitude, cette position paraît incommode ; mais ensuite l'homme s'y habitue tellement, qu'il finit même par dormir ainsi. J'ai rassemblé, pendant ces cinq ou six dernières années, plus de vingt observations sur les effets favorables de cette position du corps sur les anémiques qui se plaignent de fortes douleurs dans le dos ; en outre, j'ai eu plusieurs fois l'occasion de constater que la position à plat ventre, en se répétant journellement, exerçait une salutaire influence sur l'angine pectorale (*angina pectoris*) : les accès douloureux de l'asthme et de la peur précordiale s'affaiblissaient et disparaissaient presque. Cet effet salutaire ne peut s'expliquer que par une distribution plus régulière du sang et surtout de la lymphe, conséquemment par une nutrition plus normale du muscle cardiaque et par la disparition des différentes stases passives dans les tissus et les organes du dos et des parties latérales du corps.

Chez les petits enfants on remarque une forte tendance à dormir dans cette position à plat ventre ; mais on les en déshabitue, évidemment par crainte de leur voir prendre de mauvaises habitudes. J'ai eu moi-même l'occasion d'entendre des bonnes effrayer les enfants, en leur disant que s'ils se couchaient sur le ventre cela leur ferait du mal, cela présagerait la mort prématurée de leur père ou de leur mère. Il n'y a donc rien d'étonnant que nous ayons presque tous perdu l'habitude de nous coucher sur le ventre, la face en bas, et que nous soyons obligés de la développer à nouveau d'une manière consciente.

Et pourtant, en observant d'une manière attentive le monde des animaux, nous constatons qu'ils ne connaissent presque pas les violentes douleurs dans le dos, les différentes maladies de la moelle épinière que l'on rencontre si souvent chez l'homme ; nous constatons que les accès si fatigants de l'angine pectorale, que plusieurs autres maladies leur sont également inconnues ; et par suite on se pose involontairement cette question : ne doit-on pas chercher la cause de ces diverses maladies dans cette fière position verticale que s'est appropriée l'humanité parmi le monde animal ?

Ainsi la position d'un homme endormi est loin d'être indifférente pour sa santé ; celle-ci en dépend au contraire en grande partie. Bien entendu, les personnes souffrant d'afflux de sang vers le cerveau pourront dormir la tête haut relevée sur l'oreiller ; mais ordinairement on doit prendre une position la plus horizontale possible ; même règle chez les enfants, que l'on doit habituer eux-mêmes à dormir tour à tour sur le côté gauche et sur le côté droit, sur le dos et sur le ventre.

.·.

Ainsi, toutes les fois que nous avons à soigner des malades gravement atteints, nous devons nous rappeler avant tout que le sommeil interrompu est nuisible ; toute personne qui veille le malade doit donc avoir la possibilité de dormir deux ou trois heures de suite, pour laisser au sommeil le temps d'atteindre sa plus grande profondeur et de passer à la période décroissante, sinon les processus plastiques de la nutrition seront interrompus avant d'avoir pu s'effectuer d'une manière normale.

On rencontre dans la littérature médicale toute une série de cas dans lesquels les personnes qui soignaient les malades gravement atteints tombaient malades à leur tour, évidemment parce que leur sommeil était très souvent interrompu et de courte durée, de sorte que la nutrition de leur tissu cérébral ne pouvait s'accomplir d'une manière normale.

Il ne faut pas oublier que le sommeil s'accompagne d'un rétrécissement des vaisseaux du cerveau, d'une accumulation très active de la lymphe dans les régions lymphatiques périvasculaires; par suite, si l'on éveille un homme juste au moment où il vient de s'endormir, le rétrécissement des vaisseaux doit faire place à leur dilatation, ce qui, en se répétant souvent finit par occasionner un dérangement plus ou moins sérieux du tonus vasculaire, c'est-à-dire que ces alternatives de contractions et de dilatations inutiles affaibliront les parois vasculaires. Il est facile de comprendre d'une part que, dans des conditions pareilles, les contractions des vaisseaux rendent impossible, pendant une courte période de sommeil, une nutrition plastique suffisante du cerveau et, d'autre part, que leurs dilatations, au moment du réveil, rendent impossible une circulation fonctionnelle suffisante, parce que la brièveté du sommeil ne laisse pas à la restitution des tissus et du sang, qui est nécessaire pour l'activité du cerveau à l'état de veille, le temps de s'effectuer. Et cependant après les travaux de Meynert, on ne peut plus douter que les maladies mentales ne commencent, pour la plupart, par des dérangements dans le système vasculaire; et cela est bien compréhensible, puisque tous les états différents de notre organisme, toutes les fonctions de ses organes internes, toutes les contractions de ses muscles, tous les mouvements de notre âme, toutes nos pensées dépendent nécessairement des changements qui se produisent dans le volume des vaisseaux, dans le degré de leur réplétion; par conséquent toute perturbation dans le cours normal des différentes fonctions du système vasomoteur doit nécessairement se traduire par des modifications chimiques et histologiques dans les tissus des parois vasculaires, ce qui, à son tour, devient le point de départ d'autres dérangements plus sérieux. Donc, toutes les fois que nous nous verrons obligés de dormir très peu, nous devrons néanmoins nous réserver au moins deux, trois ou quatre heures de sommeil continu.

Après cette rapide étude de l'influence du système vasomoteur sur la santé générale de l'organisme, nous devons encore noter que le passage subit du corps d'une position à l'autre, de la position horizontale à la position assise ou à la position verticale, doit être évité par crainte des conséquences nuisibles que peuvent entraîner de brusques changements dans la distribution générale du sang. Le passage d'une position à l'autre doit s'accomplir avec d'autant plus de lenteur et de circonspection que le sujet est plus avancé en âge ou qu'il est plus faible. La prudence s'impose encore plus lorsque l'on a des raisons de supposer une maladie de cœur.

*
* *

C'est une opinion courante qu'il est salutaire de se lever tôt et de se coucher tôt. Cette opinion, combinée avec le désir qu'ont les grandes personnes de se garantir la plus grande tranquillité possible et la libre disposition de leurs soirées, a donné lieu à l'habitude très répandue d'envoyer les enfants se coucher de bonne heure. Il va de soi que les enfants que l'on met au lit vers les sept ou huit heures du soir doivent nécessairement se lever à 6 ou 7 heures du matin ; et comme alors les parents, qui se sont couchés tard, continuent encore à dormir, c'est sous la surveillance des domestiques que les enfants commencent chaque nouvelle journée de leur vie. Cette circonstance à elle seule n'est pas sans offrir des inconvénients, surtout si l'on se rappelle que bien souvent les domestiques, pendant les premières heures du matin, ne sont ni bien éveillés, ni lavés, ni peignés. Il ne faut pas non plus perdre de vue que, pendant les mois d'automne et d'hiver, nous avons chez nous, au nord de la Russie, de l'obscurité même jusqu'à 9 heures du matin. Nous ne doutons pas qu'il soit utile de se lever tôt, mais seulement dans le cas où les regards de l'homme, en se réveillant, rencontrent la lumière du jour, et non l'obscurité de la nuit, laquelle, comme nous l'avons vu déjà, influe plus ou moins fâcheusement sur l'échange des matières dans l'organisme de l'homme.

Il serait donc à désirer que nos enfants ne soient pas obligés de se réveiller, en automne et en hiver, à une heure où le soleil lui-même n'est pas encore levé, et par conséquent il ne faudrait pas les coucher avant 9 à 10 heures du soir, pour que leur réveil puisse avoir lieu alors que les chambres sont déjà éclairées par la lumière du jour et quelquefois même par un rayon de soleil.

Non moins nuisible et malsain est cet ordre établi dans la vie scolaire qui oblige notre jeunesse à se lever de si bonne heure pendant les mois d'hiver, qu'elle ne peut se passer des lampes ou des bougies. En général, pour la conservation de la santé, il serait utile de se conformer plus rigoureusement aux conditions que nous présente la nature ambiante et de se lever de très bonne heure pendant le printemps et l'été, tandis que, pendant les mois d'automne et d'hiver, on devrait dormir jusqu'à 8 à 9 heures, c'est-à-dire chez nous, à

Saint-Pétersbourg, jusqu'à l'apparition de la lumière. Dans les pays plus au sud, là où le jour luit plus tôt, on devrait naturellement se lever plus tôt, même pendant les mois d'automne et d'hiver. De cette manière, les peuples du nord auront un plus long sommeil que les habitants des contrées méridionales et cela est tout à fait logique, car plus la température ambiante est élevée, moins on a envie de dormir et, *vice versá*, plus la température ambiante est basse, plus on a besoin de sommeil. Des observations directes m'ont démontré que, lorsque la température de la chambre à coucher était de 15 à 16° Réaumur, beaucoup de personnes se sentaient parfaitement reposées après 6 à 8 heures du sommeil; à 12-14° R., les mêmes sujets dormaient volontiers de 8 à 10 heures; à 9-11° R., leur sommeil durait parfois de 10 à 12 heures; au contraire quand la température de la chambre à coucher s'élevait jusqu'à 17, 18 ou 19° R., ils ne dormaient bien que 3 à 5 heures. Ce rapport entre la température ambiante et la durée du sommeil, — rapport constant chez les sujets dont le système vasculaire est normal et qui s'explique par ce que nous avons dit plus haut sur l'influence de la température de la chambre à coucher, — se trouve changé chez quelques vieillards, qui ne peuvent dormir que dans les chambres à coucher dont la température n'est pas moindre de 17 à 19° R. Ces cas supposent évidemment des modifications dans les parois vasculaires, qui les rendent moins flexibles, moins extensibles, et par conséquent, pour que les vaisseaux périphériques puissent se distendre et recevoir une plus grande quantité de sang, il faut une température ambiante élevée.

Mais revenons à la question de savoir à quel moment il faut se lever suivant les différentes saisons de l'année. Si on observe les gens qui se lèvent de bonne heure pendant l'automne ou l'hiver, on ne leur voit jamais la figure fraîche et joyeuse ; au contraire ils montrent alors une mine maussade et comme fatiguée, de sorte qu'en les regardant on a l'impression que le sommeil ne les a nullement rafraîchis et qu'ils se sont levés de force, à cause d'une triste nécessité. Les petits enfants qui se lèvent en hiver de bonne heure commencent ordinairement leur journée par des pleurs et des caprices, tandis que pendant l'été leur réveil s'accompagne de joyeux éclats de rire.

Chacun de nous l'a éprouvé, ce sentiment pénible et désagréable qui nous étreint lorsque nous nous levons de bonne heure et que la lumière du jour est complètement absente, ou ne fait que poindre et pour ainsi dire lutter avec les ténèbres de la nuit. Malheureusement nous ne pouvons baser nos remarques sur des expériences et des observations directes ; mais des considérations théoriques, ainsi que les sensations ressenties par des personnes différentes, nous donnent le droit de

conclure qu'il est utile de se lever de bonne heure,
mais seulement quand la matinée est lumineuse et
ensoleillée comme au printemps et en été, et non
pas obscure, humide et froide comme en automne
ou en hiver.

Plus haut nous avons reconnu que la lumière
joue un rôle important dans notre vie mentale
consciente; notre conscience, en s'éveillant de son
sommeil périodique, devrait donc pouvoir s'épa-
nouir en pleine lumière. En tout cas, il serait désirable que nos enfants et notre jeunesse grandis-
sante soient soustraits à la nécessité de commencer,
pendant l'automne et l'hiver, chaque nouvelle
journée de leur jeune existence par une série de
sensations désagréables et pénibles.

Il est nécessaire de porter notre attention sur
tous ces points, car nous ne savons pas quelles
conséquences peuvent entraîner des sensations de
cette nature. Alexandre Humboldt avait déjà dit
que les circonstances les plus insignifiantes, les
sensations mêmes qu'on reçoit des différents sens,
peuvent modifier finalement tout le caractère,
toute la direction de la vie humaine, si ces influences tombent sur un organisme jeune, en état de
croissance et de formation. D'autre part, nous savons que le développement physique de l'homme est
autre dans les pays méridionaux, pleins de lumière
et de soleil, que dans les contrées glacées où rè-
gnent les ténèbres (Rattray). Malheureusement

nous manquons encore d'investigations détaillées sur ce point, quoique la nécessité de suivre la marche des différents processus physiologiques et des différentes maladies dans les contrées de l'extrême nord où la nuit dure plusieurs mois sans interruption, ait été déjà démontrée par plusieurs auteurs (Potain, Waters et John).

En tous les cas, il n'est pas douteux que pendant l'automne et l'hiver on doive se coucher et se lever plus tard, et de meilleure heure au printemps et en été, car la matinée commence alors très tôt, et en se levant à cinq ou six heures du matin, l'homme se voit plongé dans un océan de lumière. L'homme doit tout à la lumière ; sans elle son existence est impossible, c'est elle que toute sa vie il cherche ici-bas partout et en tout ; il est donc naturel de faire en sorte que sa conscience se réveille tous les jours dans un milieu de clarté et non pas au sein des ténèbres.

Il est dès lors aisé de comprendre que l'habitude qu'ont les gens du monde de se coucher après que le jour a déjà commencé à poindre et de se lever vers midi ou même plus tard, doit être considérée comme extrêmement nuisible à la santé. En règle générale, on ne devrait pas s'endormir plus tard que onze heures du soir, quoique la vie contemporaine des grandes villes soit organisée de telle façon qu'il est bien difficile de réaliser cette exigence hygiénique.

Nous avons oublié de dire que le lit sur lequel

nous dormons doit être exposé à l'air et au soleil dans toutes les saisons de l'année. La raison en est aisée à comprendre, car le duvet ou les plumes des oreillers, ainsi que le crin des matelas, doivent évidemment s'imprégner de ces transpirations de la peau qui sont si actives pendant le sommeil. Quant au lit lui-même, il ne doit être ni trop mou ni trop dur ; le plus hygiénique serait la combinaison d'un sommier à ressort avec un matelas en crin de cheval. Les lits de plumes doivent être éliminés dans tous les cas, sauf quand il est nécessaire de garantir le dormeur contre tout refroidissement.

Beaucoup de gens ont la pernicieuse habitude de respirer par la bouche, au lieu de respirer par le nez ; cette habitude est nuisible au plus haut degré, en ce qu'elle prédispose aux affections de la gorge ainsi qu'aux affections des poumons ; de plus elle dessèche la bouche et le pharynx, et cette sensation de sécheresse peut provoquer le réveil et déterminer un accès de toux et toute une série de phénomènes réflexes auxquels les dormeurs sont particulièrement exposés justement à cause de l'inactivité de la conscience pendant l'état de sommeil.

*
* *

Nous ne pouvons étudier l'hygiène du sommeil normal sans parler quelque peu des soubresauts que l'on constate souvent chez les hommes qui viennent à peine de s'endormir : généralement ces soubresauts s'accompagnent d'une impression de chute, — chute d'une hauteur ou chute dans un abîme. Ces sortes de phénomènes s'observent surtout chez les jeunes gens, ils finissent ordinairement par une frayeur qui réveille le dormeur. Lorsque ces soubresauts se répètent chez des personnes d'un âge moyen ou mûr, et qu'ils ne sont pas suivis d'un prompt réveil, ils dénotent souvent une irritabilité anormalement accrue du système nerveux.

Nous ne sommes pas en état d'expliquer avec précision la raison de ces soubresauts et des impressions de chute qui les accompagnent ; il est probable cependant que ces phénomènes proviennent de ce que, la conscience s'endormant profondément, les sujets cessent de sentir l'adhérence de leur corps au lit, ils ont l'illusion qu'ils se trouvent sans appui, c'est-à-dire au milieu de l'air, et cela les conduit à rêver qu'ils sont précipités ; d'autant plus que les enfants ont assez souvent l'occasion de se familiariser avec les sensations que nous donnent des chutes : or, nous l'avons déjà dit, ces soubresauts et ces rêves s'observent surtout chez les enfants et les adolescents des deux sexes, lesquels, on le sait, sont très enclins à un sommeil des plus profonds.

La probabilité de notre explication est encore démontrée par ce fait bien connu, qu'au moment d'une syncope les hommes ont souvent comme la sensation de tomber lentement quelque part dans l'espace. Pourquoi ? Mais justement parce qu'alors tous les nerfs sensibles de la surface du corps se trouvent plus ou moins émoussés par suite de l'affaiblissement de la conscience. D'un autre côté, il est avéré que sous l'influence de quelques narcotiques (éther, opium, haschich) la sensibilité des nerfs cutanés et du sens musculaire s'émousse également ; les sujets s'imaginent alors qu'au lieu de marcher ils volent en l'air, presque sans toucher le plancher. De sorte qu'en définitive nous arrivons à la conclusion suivante : les impressions de chute, de vol qu'on éprouve dans les songes doivent se trouver en rapport direct avec l'émoussement des sensations que nous recevons de la surface de notre corps.

Ainsi, pendant le sommeil normal, il se fait dans notre corps un échange plastique actif : les tissus s'approvisionnent de matières nutritives — c'est-à-dire des albumens et des autres substances qui leur sont indispensables — et en même temps d'oxygène intramoléculaire si nécessaire à chaque forme de l'activité. Nous avons aussi vu qu'un sommeil provoqué par des moyens narcotiques ou hypnotiques n'est pas un sommeil normal, et que, si on les prescrit dans les cas d'insomnie, c'est uniquement pour interrompre l'habitude une fois prise de ne pas dormir, ou pour l'empêcher de se former. Les moyens hypnotiques et narcotiques peuvent être utiles encore d'une autre façon, le sommeil qu'ils occasionnent se transformant souvent en un sommeil normal, après que la substance narcotique a été éliminée de l'organisme et son influence dissipée. Dès lors, nous pouvons comprendre que le sommeil doit produire une influence bienfaisante sur l'organisme et sur le cours des différentes maladies, mais seulement le sommeil normal. Pour nombre de maladies, celui-ci représente la meilleure des médecines, comme cela a été démontré plusieurs fois par diverses autorités médicales.

Il est donc aisé de comprendre que les personnes gravement malades, une fois endormies d'un sommeil normal, ne doivent jamais être réveillées pour l'introduction de la médecine, puisque aucune médecine connue ne peut donner aux malades ce que leur donnera le sommeil normal avec ses processus de la nutrition plastique. Plusieurs de mes lecteurs ont eu certainement l'occasion de voir avec quelle joie les médecins saluent l'apparition d'un sommeil normal et profond chez les sujets sérieusement atteints, et c'est tout naturel, puisque un sommeil pareil est bien souvent décisif : il marque le début de la convalescence.

Cependant, sous ce rapport comme sous tant d'autres, la règle ne reste pas sans exception, et il y a des circonstances où le sommeil peut produire une influence nuisible sur le cours du processus pathologique. C'est ainsi, par exemple, que dans

le cas d'une faiblesse considérable de l'activité cardiaque, il est dangereux de laisser les malades dormir trop longtemps, car leur cœur peut se trouver
dans un état tel qu'il soit absolument nécessaire de
les soutenir par des doses d'une certaine médecine : il faut donc les réveiller de temps en temps
pour leur donner leurs doses. Au réveil, les malades de cette catégorie doivent être très prudents et
se relever, non pas brusquement, mais au contraire
avec beaucoup de lenteur et de précaution.

*
* *

Malheureusement, la question de l'influence du
sommeil sur les différents états maladifs demeure
jusqu'à présent presque tout à fait inexplorée ; cependant, il est hors de doute que cette influence
doit varier suivant le caractère des diverses conditions pathologiques. On sait, par exemple, que dans
les cas d'hémorragies, l'apparition du sommeil
est au plus haut degré nuisible (Becker), puisqu'il
prédispose aux hémorragies, et surtout aux hémorragies utérines, en occasionnant une dilatation plus ou moins grande de toute une série de
vaisseaux. Un sommeil profond et excessivement
prolongé peut être nuisible aussi chez les malades
portés aux accès convulsifs, car le sommeil, comme
on le sait, anéantit la conscience et transforme
l'homme, temporairement, en un animal spinal et

réflexe, et par suite il l'expose davantage aux attaques convulsives; mais toutes ces questions, nous l'avons dit et nous le répétons, restent jusqu'à présent inexplorées et inexpliquées, et nous ne savons pas davantage *comment* et *combien* doivent dormir les sujets atteints des diverses affections.

Par exemple, les malades phtisiques souffrent beaucoup de sueurs nocturnes excessives et, dans la littérature médicale, on propose toujours de nouveaux moyens contre ces sueurs; mais la multiplicité même des remèdes proposés démontre précisément qu'ils n'atteignent pas leur but. La tendance des phtisiques aux sueurs excessives et épuisantes se comprend aisément quand on sait que l'accumulation d'acide carbonique dans l'organisme doit irriter le centre qui gouverne la transpiration et par suite provoquer la sécrétion d'une sueur abondante. Nous savons aussi que pendant le sommeil, même chez les sujets normaux, l'acide carbonique s'accumule dans l'organisme; par conséquent, chez les personnes ayant les poumons attaqués, cette accumulation doit être beaucoup plus considérable que chez les personnes bien portantes, car, d'après Lauder Brunton, le centre respiratoire est épuisé chez les phtisiques par de fréquents accès de toux souvent répétés, de sorte que l'acide carbonique ne peut l'exciter à une activité plus énergique en même temps qu'il excite le centre de la transpiration.

Des considérations théoriques d'un côté, et des observations pratiques sur les malades de l'autre, nous ont amenée à conclure que les sueurs épuisantes des phtisiques sont plus faibles lorsque les malades ont pris une légère collation avant de se coucher, et c'est tout naturel, puisque les aliments font affluer le sang vers l'estomac et amoindrissent ainsi la dilatation des vaisseaux périphériques de la peau. En outre, nous avons reconnu que les sueurs épuisantes des phtisiques ou font complètement défaut, ou apparaissent sous une forme très atténuée, lorsque les malades dorment pendant le jour dans une chambre claire. La lumière d'une lampe paraît aussi amoindrir la tendance des phtisiques aux sueurs épuisantes, pourvu que cette lampe ne vicie pas trop l'air de la chambre à coucher. En général, si un homme bien portant a besoin, pour dormir, d'un air pur, cette condition est encore plus nécessaire pour les phtisiques, puisque l'énergie fonctionnelle des poumons se trouve chez eux amoindrie; il est indispensable de compenser le défaut d'oxygénation qui en résulte par une quantité plus grande d'oxygène introduit à chaque inspiration dans les poumons du malade, et pour cela d'éviter tout ce qui pourrait vicier l'air ambiant. Il ne faut pas non plus oublier que plusieurs auteurs ont expliqué le développement de la tuberculose justement par l'inspiration d'un air corrompu, contenant un excès d'acide carbonique. La chambre à coucher des phtisiques doit être fraîche et saturée d'air pur.

Quant aux sujets atteints de névroses du cœur ou d'autres formes des affections cardiaques, il leur faut, avant tout, rester au lit dans une position horizontale et pour un temps assez long, c'est-à-dire au moins huit à dix heures journellement, parce que la position horizontale et tranquille dans le lit donne au cœur malade la possibilité de se reposer, et fait en outre disparaître les œdèmes des pieds que la position verticale développe ordinairement chez ces malades. Ils devront éviter de se lever trop tôt pour une autre raison encore : on remarque, chez eux, une tendance exceptionnelle à avoir des accès cardiaques justement pendant les heures très matinales, c'est-à-dire entre quatre et huit heures du matin. Quant à l'explication de ce phénomène, nous n'en pouvons donner aucune quant à présent ; mais nous devons d'autant moins le perdre de vue que l'étude statistique des heures de la plus grande mortalité nous a démontré que la plupart des hommes meurent entre 4 et 8 heures du matin ; la plus haute période de la mortalité s'observe, par une étrange coïncidence, aux mêmes heures du soir, c'est-à-dire entre 4 et 8 heures de l'après-midi.

En outre, les observations de Möninghof et de Pisbergen ont établi que le sommeil lui-même présente, autant qu'on en peut juger, des états différents chez les hommes bien portants d'un côté, et les sujets souffrant d'une affection cardiaque de l'autre. Il atteint en effet, chez un sujet normal, son point culminant pendant le dernier quart de la seconde heure, après quoi il commence à décroître peu à peu, et cet affaiblissement continue jusqu'à la seconde moitié de la cinquième heure ; de nouveau, le sommeil s'accentue, et au bout de cinq heures et demie, arrive à sa seconde période maxima d'intensité ; ensuite il diminue de plus en plus jusqu'au réveil définitif. C'est ainsi que les choses se passent chez un sujet normal ; tandis que chez un homme qui souffrait d'une insuffisance de la valvule mitrale du cœur, la première période maxima du sommeil s'observait dans la seconde moitié de la sixième heure : de plus, le sommeil s'accentuait trois fois au lieu de deux, et en général sa profondeur présentait des variations beaucoup plus considérables que le sommeil d'un sujet normal.

Malheureusement, ces observations sont absolument uniques dans la littérature médicale ; on en peut seulement conclure la nécessité pressante d'étudier non seulement le sommeil des sujets normaux, mais aussi les changements qui apparaissent dans tout le caractère du sommeil sous l'influence des différentes maladies chroniques et aiguës.

Que le sommeil doive se modifier sous l'action

des maladies, c'est là un fait indiscutable, car la conscience humaine elle-même subit cette action, et le sommeil, n'étant que le repos de la conscience, doit modifier en même temps la conscience elle-même. La justesse de cette conclusion est démontrée indirectement par le fait que le sommeil des gens bien portants change de caractère quand ces personnes ont usé de substances qui agissent sur la conscience. Ainsi, par exemple, le sommeil est irrégulier et inquiet lorsque l'on a fumé plus que de coutume ; l'emploi des boissons alcooliques modifie aussi la nature du sommeil, ce qui, à notre point de vue, s'explique tout naturellement, car si le sommeil, repos de la conscience, doit nécessairement être soumis à toutes les influences qui agissent sur la conscience humaine, tout ce qui modifie la conscience doit aussi modifier le sommeil.

D'après quelques observations que j'ai pu faire dernièrement, je me crois en droit de dire que le sommeil décroît constamment, se dissipe même, au lever du soleil ; puis, comme chaque période décroissante et chaque réveil sont suivis d'un sommeil plus intense, il arrive que l'on s'endort le plus profondément aux premières lueurs du jour ; et c'est ainsi que s'explique la douceur bien connue du sommeil pendant les premières heures de la matinée. La mère nature réveille tout le monde organique à la lumière naissante d'un jour nouveau qui vient de poindre sur la terre ; mais si l'on

demeure sourd à cet appel, si on tâche de prolonger artificiellement le règne des ténèbres nocturnes
et le repos de la vie inconsciente du sommeil au
moyen de stores et de volets clos, alors la loi générale — que chaque réveil incomplet est suivi
d'un assoupissement d'autant plus profond de la
conscience — exerce son empire, et la conscience
humaine se plaît une fois de plus dans le rôle de
la Belle au bois dormant du conte populaire.

*
. .

Avant d'en finir avec l'hygiène du sommeil, nous
devons ajouter quelques mots sur cet état particulier de demi-réveil qui s'observe chez quelques
personnes au moment où on les réveille : pendant
quelques secondes ou même quelques minutes,
elles ne peuvent ressaisir leur conscience, ni comprendre où elles se trouvent et ce qu'elles ont à
faire. Cet état de demi-réveil démontre avec évi-
dence que le sommeil est véritablement le repos
de la conscience, puisque l'essence de cet état de
demi-réveil consiste en ce que l'homme réveillé
ne peut tout d'un coup reprendre le gouvernement
de sa conscience, laquelle continue à se trouver
comme dans un demi-sommeil. Il va de soi qu'un
pareil état, lorsqu'il se prolonge, dénote toujours
une certaine faiblesse, une certaine inertie de la
conscience et de son substratum anatomique, et

par conséquent il a une signification fâcheuse. La littérature médicale décrit des cas (Schnittmüller, Brierre de Boismont), où un état pareil de demi-réveil a précédé le développement d'une maladie mentale, où il en a été, pour ainsi dire, le précurseur ; et cela n'a rien d'étonnant, car lorsque la conscience est faiblement développée et son substratum anatomique incapable de s'accommoder aux différentes influences et de lutter contre elles, la cause la plus insignifiante peut suffire à provoquer une disjonction dans le groupe de ceux des éléments cérébro-nerveux qui constituent justement le substratum anatomique de la conscience. Ainsi, par exemple, nous connaissons des cas où il a suffi de chloroformer une seule fois un individu pour occasionner le développement d'une maladie mentale incurable, c'est-à-dire d'une démence complète (Dickson), tellement sa conscience était faible.

Il va de soi que l'état de demi-réveil, démontrant une faiblesse spéciale de la conscience, ne se rencontre jamais chez les personnes dont l'activité cérébrale consciente est fortement développée ou, s'il s'y rencontre, constitue toujours un symptôme fâcheux. Des faits statistiques que j'ai rassemblés, il s'ensuit que, sur 100 cas de demi-réveil, 8 étaient observés chez des sujets occupés à une besogne intellectuelle sérieuse ; 70 chez des gens qui faisaient principalement travailler les

muscles de leurs bras et de leurs pieds, et 22 chez
des personnes vouées au commerce, aux carrières
artistiques ou administratives, etc. On a remarqué en même temps que cet état de demi-réveil
se rencontre surtout chez des sujets flegmatiques,
gros et pléthoriques, et bien rarement chez les
personnes nerveuses et sanguines.

En général, plus la conscience s'obscurcit et
s'efface facilement sous l'influence des diverses
causes, plus son lien avec la volonté apparaît
faible, plus le sujet se montre prédisposé aux
différentes maladies nerveuses et mentales, aux
différentes affections convulsives. C'est tellement
vrai que les sciences médicales nous apprennent
que les hommes d'un caractère fort et très décidé
peuvent mieux que les autres résister à l'influence
de l'alcool, du chloroforme et des autres moyens
anesthésiques, narcotiques, — en un mot, des
moyens interrompant l'activité de la conscience.
Or, à bien réfléchir au sens que les hommes atta-
chent à ce mot, un caractère fort se réduit à une
conscience forte et par suite d'une unité bien
marquée.

D'autre part, il est reconnu que tout ce qui peut
affaiblir la conscience peut aussi prédisposer aux
maladies nerveuses et mentales ; ainsi, par exemple, des interruptions souvent répétées de la conscience sous l'influence des narcotiques ou de
l'ivresse, des accès d'épilepsie et de narcolepsie

conduisent nécessairement à l'hébétement, à l'idiotisme ou aux maladies mentales. De même un sommeil normal, mais excessif quant à sa durée, est nuisible, et encore plus l'hypnotisation souvent répétée. Après tout ce qui vient d'être dit, il est aisé de comprendre qu'un état prononcé de demi-réveil doit inspirer quelques inquiétudes, parce qu'il peut être considéré comme un symptôme de la faiblesse plus ou moins grande de la conscience et de sa tendance à rester plongée dans l'inactivité et le sommeil.

Il est hors de doute que, de nos jours, on observe des groupes entiers d'individus dont toute la vie se passe, à vrai dire, dans un état de demi-réveil continuel. Et cette observation s'applique non pas à des peuplades sauvages, mais à notre monde européen civilisé, où l'on rencontre une multitude de gens qui restent toute leur vie à un degré de développement si bas, qu'un poète russe a eu tout droit de dire :

> Chez eux, l'homme ne se voit qu'en songe.

Tout cela est naturellement fort triste, et l'on se demande comment développer et fortifier la conscience pathologiquement faible de certaines catégories d'individus. Comment? Avant tout, certes, il y faut un amour sincère pour son prochain, un amour profond pour l'humanité entière, parce que l'amour seul peut nous enseigner les moyens nécessaires, lui seul peut nous soutenir dans notre combat contre ces ténèbres de l'âme, où n'a pas encore lui un seul rayon de lumière.

Qu'un tel amour de l'humanité puisse réellement opérer des prodiges jusque chez des sauvages primitifs et anthropophages, on en a une preuve entre autres dans la vie de notre infatigable explorateur M. N. Miclucho-Maclay. Tout seul, sans aucune force armée, il s'est aventuré chez des anthropophages qui n'avaient jamais vu un européen. Et qu'est-il arrivé? Non seulement il en est revenu sain et sauf; mais encore il a su gagner le cœur de ces hordes sauvages, non point par la force brutale, mais par la pensée vivante et la parole humaine, et surtout par son amour de l'humanité et par conséquent par l'amour de ces peuplades sauvages elles-mêmes, de ces pauvres représentants de l'humanité, qui n'ont pas encore eu la chance de prendre leur part de la vraie vie humaine.

La conscience! Actuellement nous ne pouvons même pas nous représenter quelle sera la vie terrestre de l'humanité, alors que la conscience de chaque homme aura atteint un développement plus ou moins considérable. Le professeur Bunge, dans son traité de chimie physiologique, dit qu'il viendra un temps où l'humanité sur la terre se sera tellement développée, qu'entre nous et cette humanité future il y aura la même différence insondable qu'on remarque à présent entre les infusoires et l'homme contemporain !...

* *

De tout ce que nous avons exposé jusqu'ici, il résulte clairement qu'entre le sommeil et la conscience il existe un lien intime et indissoluble, et aussi que la profondeur du sommeil et sa durée sont toujours en proportion inverse du développement et de la force de la conscience. Par suite, l'étude du sommeil doit suivre une marche parallèle à celle de la conscience, laquelle nous est actuellement encore aussi peu connue que le sommeil lui-même, quoique le sommeil nous prenne au moins le tiers de notre vie.

Quant à l'hygiène de la conscience, quant aux conditions de ses progrès, la science d'aujourd'hui est complètement muette. Il n'y a donc rien d'étonnant qu'en ce qui touche le temps du repos de la conscience, c'est-à-dire le sommeil, nous ne possédions jusqu'ici que des connaissances fragmentaires, des observations isolées, de sorte que pour écrire cette esquisse de l'hygiène du sommeil, nous nous sommes vue forcée de chercher dans les ouvrages et les articles les plus variés des observations et des remarques accidentelles, que nous avons ensuite réunies en un tout plus ou moins homogène et complet.

Sur plusieurs questions, la littérature médicale ne nous fournit aucune donnée, même sous forme d'observations indirectes ou de faits isolés. La nécessité s'imposait donc ou d'entreprendre nous-même l'étude expérimentale, ou d'avouer que, dans l'état actuel de la science, nous ne pouvions formuler des réponses précises sur toute une série de questions plus ou moins essentielles touchant notre vie pendant le sommeil. C'est justement ainsi que nous avons procédé dans cette étude sur l'hygiène du sommeil et nous espérons que les lecteurs voudront bien se montrer indulgents pour ces lacunes de notre œuvre, lacunes que pourront seuls combler les efforts réunis de plusieurs expérimentateurs, de plusieurs savants.

Articles et livres ayant trait à l'hygiène du sommeil.

Voltaire, Œuvres complètes, 1792, t. LXIII, p. 192.

Fabius, Dissertatio medica inauguralis de spirometro ejusque usu observationibus cum aliorum, tum propriis illustrato, 1853.

Gerhardt, Lehrbuch der Auscultation und Percussion, 1871.

Schröder van der Kolk, Die Pathologie und Therapie der Geisteskrankheiten, 1863.

Fubini e Ronchi, Archivio per le Scienze mediche, t. I.

Les mêmes, Moleschott's Untersuchungen, 1878, t. XII, liv. 1.

Platen, Pflüger's Archiv 1875, t. II, liv. 4, et 5.

Dewar, Revue scientifique de la France et de l'étranger, 1877, t. XII, p. 1245.

Baer, Revue scientifique de la France et de l'étranger, 1878, t. VII.

Sorgewohl, Schreiben vom Zustande der äusserlichen Sinne im Schlafe (der Arzt, eine medicinische Wochenschrift von Unzer, 1769, t. II).

Oesterlen, Handbuch der Hygiene, 1857, p. 685 et suiv.

Purkinje, Wagner's Handwörterbuch, 1846, t. III.

Dugald Stewart, Elements of the philosophy of the human Mind, 1818, t. I.

Schopenhauer, Parerga und Paralipomena, 1862, t. I.

Hammond, On Wakefulness. Philadelphia, 1866.

Henne, Du sommeil naturel. Paris, 1872.

Kleinschmidt, Quelques mots sur le sommeil. Montpellier, 1871.

Donné, Conseils aux mères. Paris, 1869.

Smith (Eustace), Ueber die Schlaflosigkeit bei Kindern (Wiener med. Wochenschrift, 1869).

Le même, On the wasting Diseases of infants and children, 1870.

FINLAYSON, On the normal temperature in children (The Glasgow Med. Journal, février 1869).

CORMAC (Mac), Carbonaemia the immediate source of tubercle, 1867.

LE MÊME, Consumption and the breath rebreathed, London, 1872.

NIEMEYER (Paul), Die Lunge, 1872.

CATLIN, Shut your mouth, 1870.

RATTRAY (Alexander), Further Experiments on the more important physiological Changes induced in the human Economy by Change of climate (Proceedings of the Royal Society, t. XXI, n° 139).

BRUNTON (Lauder), Saint-Bartholomew's Hospital Reports, 1879, t. XV.

VOIT, Zeitschrift für Biologie, 1878, t. XIV.

SOLTMANN, Experimentelle Studien über die Functionen des Grosshirns der Neugeborenen (Jahrbuch für Kinderheilkunde und physische Erziehung, 1876, t. IX.

BAGINSKY, Wohl und Wehe des Kindes, 1873.

BALLEXSERD, Dissertation sur l'éducation physique des enfants. 1763.

PLATTNER, Von dem Schlaf der Kinder, welcher durch das Einwiegen hervorgebracht wird., 1740.

TARCHANOFF (Jean), Sur les centres psychomoteurs, 1879 (en russe).

BOUCHUT, Hygiène de la première enfance, 1862.

KANT, Ueber Pädagogik, 1839.

REVEILLÉ-PARISE, Traité de la vieillesse, hygiénique, médical et philosophique. Paris, 1853.

DEFFAND (Mme du), Lettres. Paris (A Horace Walpole).

DURHAM, Guy's Hospital Reports, 1860.

HAMMOND, Gaillard's Medical Journal, 1880, t. XXIX,

BALL, The Lancet, 1880, 2 octobre.

BRACH (Bernard), Ueber die Bedeutung des körperlichen Gefühls im gesunden und kranken Zustande (Rust's Magazin, 1842, t. XVII).

DARWIN (Erasmus), Zoonomia or the laws of organic life, 1792, t. I, p. 439.

BAIN (Alexander), The Emotions and the Will, 1865.

BICHAT, Recherches physiologiques sur la vie et la mort. Paris.

DESCURET, La médecine des passions, 1860, 3ᵉ édit.

DARWIN (Charles), The Expression ect. 1872, p. 246 et suiv.

KANT, Von der Macht des Gemüths durch den blossen Vorsatz seiner krankhaften Gefühle Meister zu sein. Gesammtausgabe in 10 Bänden 1838, t. I, pp. 301 et 307.

HUGHLINGS JACKSON, On the Anatomical, Physiological and Pathological Investigation of Epilepsies (West Riding Lunatic Asylum Medical Reports, 1873, t. III).

MERSON, On the influence of food on epilepsia (West Riding Lunatic Asylum Medical Reports, t. V).

THUDICHUM, A Treatise on the chemical Constitution of the Brain, 1884.

WIL. Alexander, Medical Times and Gazette 1882, n° 1654.

GINTRAC, Mémoire sur l'influence de l'hérédité, 1845, p. 377.

BYFORD, On the Physiology of Exercise (The American Journal of medical Sciences, 1855, n° 59).

WILKS, On overwork (The Lancet, 1875, t. I).

BROWN-SÉQUARD, Lectures on the Diagnosis and Treatment of functional nervous affections, 1868, p. 41.

RACIBORSKI, Traité de la Menstruation, 1868, p. 349 et suiv.

BRIQUET, Traité clinique et thérapeutique de l'hystérie, 1859, pp. 115, 121.

BÖCKER, Archiv des Vereins für gemeinschaftliche Arbeiten zur Förderung der wissenschaftlichen Heilkunde, 1856, t. II.

SCHÜLLER, Deutsches Archiv für klinische Medicin, 1874, t. XIV.

WALSCH, On Sleep (The Lancet, 1846, t. II).

HOLLAND, Chapters on Mental Physiology; art. *Sleep*.

BLANCHARD FOSGATE, Observations on Nightmare (The American Journal of Medical Sciences, 1834, n° 29).

MOSSO, Archiv für Physiologie von Du Bois Reymond, 1878, liv. 5 et 6.

THEODOR (Carl), Herzog von Baiern (Zeitschrift für Biologie, t. XIV, p. 51 et suiv.).

CRICHTON, Observations on the Treatment and Cure of several varieties of pulmonary Consumption. London, 1823.

OSBORNE, The Dublin Quaterly Journal of medical Science, 1859, t. XXVIII.

AVELING, The Obstetrical Journal of Great Britain and Ireland, 1874, n° 20.

VON HUMBOLDT (Alex.), Kosmos, 1845, t. II, p. 5.

POTAIN, Lyon médical, 1876, t. XXII.

BERLINSKY, Froriep's Notizen, 1835, t. XLV.

CASPER, Denkwürdigkeiten zur medic. Statistik und Staatsarzneikunde, Berlin, 1846.

SCHNEIDER, Virchow's Archiv, 1859, t. XVI.

FINLAYSON, Glasgow Medical Journal, 1874, t. VI.

CLARK (Andrew), The Medical Record, 1888, 14 janvier.

VOGEL, Handbuch der Krankheiten der harnbereitenden Organe, 1863, p. 522.

GULL, The Lancet, 1873, t. I.

MORLEY ROOKE, The British medical Journal, 1878, 19 octobre.

MOXON, Guy's Hospital Reports, 1878, t. XXIII.

DUKES, The British med. Journal, 30 octobre 1878.

RENDALL, Sur l'albuminurie alimentaire. Paris, 1883.

CAPITAN, Les albuminuries transitoires, 1883.

DE LA CELLE DE CHATEAUBOURG, Sur l'albuminurie physiologique. Paris, 1883.

SENATOR, Die Albuminurie im gesunden und kranken zustande. Berlin, 1882 (Berliner klin. Wochenschrift, 1885).

NOORDEN (Carl.), Deutsches Archiv für klinische Medicin, 1886, t. XXXVIII, liv. 3.

FÜRBRINGER, Zeitschrift für klinische Medicin, 1879, t. I, liv. 1.

MONNINGHOF Dun PISBERGEN, Zeitschrift, für Biologie, 1883, t. XIX.

BUISSON, Traité théorique et pratique de la méthode anesthésique, 1850.

BEARD, The Nature and Phenomena of Trance (Archives of Neurology and Electrology, 1875, t. II).

SCHNITTMÜLLER, Langdauernde Unbesinnlichkeit eines Schlaftrunkenen selbst nach dem Erwachen (Zeitschrift für die Staatsarzneykunde von Henke, 1841, t. XXI).

Brierre de Boismont, Études médico-légales sur les hallucinations et les illusions (Annales d'hygiène publique et de médecine légale, 1861, t. XVI.)

Thompson Dickson, The Science and Practice of Medecine in Relation to Mind, 1874.

Fechner, Elemente der Psychophysik, 1860, t. II.

Pfeifer, Ueber den Schwefeläther (Zeitschrift für rationnelle Medizin, 1847, t. VI).

Stein (Estanislas), Ciencias Medicas, 1890, 10 octobre, et The journal of Mental and Nervous Diseases, 1891, t. XVI.

Cullerre, Annales Medico-psychologiques, 1890, t. XII.

Féré, Contribution à la pathologie de la nuit, paralysie nocturne. — A contribution to the Pathology of night : nocturnal paralysis, 1890.

Schreiber, Neurologisches Centralblatt, août 1886 (Ueber Schlaflähmung).

IV

PSYCHOLOGIE DU SOMMEIL

Pendant le sommeil le cerveau dort, comme nous l'avons dit plus haut, non pas en toute sa masse, mais seulement en celles de ses parties qui constituent le substratum ou la base anatomique de la conscience. Ce fait suppose évidemment chez chaque dormeur l'existence d'une certaine vie psychique et nous comptons consacrer précisément la dernière partie de ce livre à l'analyse, à l'étude de cette vie psychique du sommeil.

. Emm. Kant disait jadis qu'à l'état de veille chacun de nous vit d'une existence générale, liée à celle des autres êtres humains, avec lesquels il est groupé d'une façon ou d'une autre, tandis que, pendant le sommeil, chacun de nous s'enfonce au contraire, dans son monde à lui seul, dans son propre monde. Ces paroles expriment une profonde vérité, comme nous allons bientôt le prouver, et ce qui est intéressant, c'est que cette vérité a été énoncée pour la première fois par Kant, qui était un pur métaphysicien, et non pas un physiologiste ou un médecin.

La différence fondamentale entre les méthodes d'exploration de la science métaphysique d'un côté, et des sciences naturelles de l'autre, se réduit, comme on le sait, à ce que ces dernières étudient l'homme en tant que phénomène objectif, alors que les métaphysiciens l'étudient en tant que phénomène subjectif, en tant que se concevant soi-même dans sa vie psychique intérieure, c'est-à-dire dans sa conscience.

En appliquant leurs méthodes d'observation et d'expérimentation à l'homme en tant que phénomène objectif, les anatomistes, les histologistes, les physiologistes, ont déterminé la position et la forme des différents organes, leur construction et les particularités de leurs éléments; ils ont démontré la constitution chimique des différents tissus et des différents sucs du corps humain; ils ont établi quelles lois physiques régissent tels ou tels processus se développant dans l'organisme de l'homme; et, fiers des résultats qu'ils ont obtenus, ils ont conçu l'espérance de pouvoir un jour expliquer non seulement le côté physique, mais aussi le côté psychique, le côté spirituel de l'homme, et cela au moyen de causes toutes mécaniques (Bonnet, Setschenoff, etc.).

Se fondant sur les méthodes des sciences naturelles, les physiologistes et les psycho-physiologistes ont déterminé la rapidité avec laquelle les différentes sensations se transmettent le long des voies nerveuses, ils ont mesuré aussi le temps qui est nécessaire pour un acte de perception, pour un acte de volonté. Enfin, dans ces derniers temps, ils ont commencé à calculer la rapidité et le nombre des associations d'idées, d'images, de notions différentes (Galton, Trautschold, etc.) ; mais plus avançait l'exploration, plus on rassemblait des données et des faits importants, — plus se fortifiait la conviction, dans l'esprit des explorateurs sérieux, que toutes ces méthodes des sciences naturelles et soi-disant exactes nous permettent uniquement d'étudier le côté extérieur de l'homme, et que jamais nous ne pourrons arriver par cette voie à l'explication de sa nature intime, à l'explication de son essence, du noyau même de son être. Ainsi, par exemple, nous savons à présent que le sang, pendant sa circulation dans notre corps, est soumis aux lois de l'hydrostatique et de l'hydrodynamique ; nous connaissons de même parfaitement toute la structure du muscle cardiaque, son innervation ; et néanmoins nous sommes incapables d'expliquer la cause primitive et fondamentale des contractions cardiaques, ou celle des contractions que présentent les parois des vaisseaux.

On en peut dire autant des processus de la digestion et de l'absorption. Nous savons à présent que les anciennes théories, qui réduisaient toute la nutrition à des phénomènes d'endosmose, de diffusion et d'exosmose, sont complètement fausses, puisque dans ces processus un rôle actif est aussi joué par les différents éléments cellulaires, lesquels produisent, par exemple, un choix positif parmi les subtances qui se trouvent dans les voies digestives et probablement aussi parmi les substances que le sang leur apporte; mais pourquoi ils font ce choix, pourquoi ils absorbent, par exemple, les gouttelettes de graisse et laissent de côté les granules de pigment — c'est ce qui, jusqu'ici, demeure tout à fait inexplicable. Et même si nous prétendions expliquer cette faculté élective en démontrant que dans ce cas tout ce qui paraît être un choix n'est que l'action des lois, disons de l'affinité chimique, — nous n'aurions pas découvert la raison des phénomènes cités, mais seulement reculé l'énigme, car en expliquant tout par l'affinité chimique nous serions en même temps incapables d'expliquer l'affinité chimique elle-même.

Quant à l'action des systèmes nerveux et cérébral, cette impuissance des sciences naturelles à fournir des explications définitives apparaît d'une manière encore plus marquée. Nous pouvons déterminer la rapidité avec laquelle se propage une excitation le long d'un nerf; nous pouvons calculer le temps nécessaire pour la production d'une sensation consciente ou d'un acte de volonté ; nous pouvons même mesurer le volume de notre conscience (Dietze) ; mais tout cela ne nous avance guère dans l'explication de la raison fondamentale de notre vie psychique, ne nous permet guère de comprendre comment, d'une excitation nerveuse, de l'activité de certaines cellules nerveuses, il se forme une pensée consciente et vivante. Et tous les essais des esprits superficiels en vue d'expliquer la vie psychique de l'homme dans toute sa complexité par des causes purement matérielles, c'est-à-dire par l'influence de certaines conditions mécaniques, apparaissent, dans l'état actuel du développement de nos connaissances naturelles, comme très illogiques.

Les savants sérieux ont déjà reconnu que les méthodes d'investigation, en honneur dans les sciences naturelles, sont insuffisantes pour la solution des questions fondamentales de la vie en général et du monde psychique de l'homme en particulier, et par conséquent ils ont déjà reconnu la nécessité des observations intérieures, la nécessité des méthodes subjectives d'investigation (Volkelt, Wundt, etc.).

Le professeur de chimie physiologique à l'université de Bâle, le docteur Bunge, établit aussi la nécessité des observations intérieures subjectives, la nécessité d'étudier l'homme tel qu'il se présente à chacun de nous dans notre conscience individuelle. Ces idées sont exposées dans son traité de chimie physiologique. Par conséquent la métaphysique commence à reprendre jusqu'à un certain degré la faveur qu'elle avait un moment perdue. On se demande à présent si l'humanité peut parvenir, au moyen d'observations subjectives, à résoudre le problème de la vie, à comprendre sa propre raison d'être, c'est-à-dire à se comprendre soi-même? La réponse est bien difficile, mais en tout cas nous pensons que Kant a eu raison de dire que la religion seule peut nous fournir une réponse à tous ces questions fondamentales de la vie. Ici commence la sphère de la foi, sans laquelle il n'y a ni progrès, ni existence digne d'un homme. Il ne faut pas oublier que l'élément de la foi est nécessaire à l'homme, non seulement dans les questions religieuses, mais partout, dans toutes les sphères de l'activité humaine. Même dans les sciences les plus exactes, les plus positives, chaque mouvement en avant s'accomplit par la foi, puisque toutes les grandes découvertes scientifiques ne sont que le résultat direct de la foi entière qu'un homme, ou un groupe d'hommes et quelquefois même plusieurs générations de savants ont nourrie à l'égard de telle ou telle hypothèse scientifique, conçue sur le fondement de jugements plus ou moins théoriques et *a priori*. Prenons comme exemple Faraday; en analysant l'histoire

de ses découvertes scientifiques, nous reconnaîtrons qu'elles ont été toutes faites de cette manière ; c'est-à-dire que Faraday croyait à la vérité
d'une certaine hypothèse, et c'est en s'efforçant de
la prouver qu'il effectuait ses découvertes les plus
importantes ; en un mot, la pensée abstraite, la théorie, devançait toujours chez lui la découverte des
faits (Barraclough, Tyndall). A y bien réfléchir,
on comprendra qu'il doit en être ainsi, puisque
tout idéal doit apparaître avant que les tendances
vers son accomplissement pratique deviennent
possibles.

Ce qui vient d'être dit est au même degré appli-
cable à toutes les faces différentes de la vie psychique de l'homme. Ainsi nous avons vu que
déjà les représentants même des sciences naturelles commencent à reconnaître la nécessité des
observations subjectives ; et par conséquent le côté
psychique du sommeil doit en tout cas être considéré comme ayant une importance exceptionnelle, puisque alors l'homme se retire ou s'enfonce
dans son propre monde psychique, qui est tout
à fait à part et séparé du monde psychique des
autres hommes, comme cela a été démontré par
Kant. En effet, toutes les conditions compliquées
de la vie sociale auxquelles chaque homme, pendant l'état de veille, est forcé de se conformer
ou de résister, sont absolument éliminées pendant le sommeil, et la vie psychique des songes

peut se dérouler librement, sans les entraves gê-
nantes des lois et des conditions sociales. Il n'y a
pas à nier que ces conditions sociales, dont chaque existence humaine est entourée au milieu des
autres hommes, ne devienne bien souvent un
lourd fardeau, qu'elles ne développent en même
temps une hypocrisie plus ou moins grande dans
les sentiments, dans les pensées, dans les actes des
hommes, et qu'ainsi elles ne suscitent trop souvent
tout un monde de mensonges et de tromperies. Pendant le sommeil tout change. Pendant le sommeil,
l'homme est affranchi de ce fardeau pesant que lui
imposent ces conditions vitales, qui, à cause du développement historique, ont pris un empire plus
ou moins absolu au milieu d'un peuple ou d'une
société donnés, et qui, en même temps, sont bien
souvent, non seulement opposées aux désirs et
aux tendances individuelles des hommes, mais
encore nuisibles au développement et au bien-être
des individus séparés, vivant au milieu de ce
peuple ou de cette société.

Pendant le sommeil, l'homme est libéré de
toutes ces chaînes conventionnelles; il est mis,
pour ainsi dire, face à face avec la nature. Pendant le sommeil — dit le physiologiste-penseur
Burdach — disparaissent toutes les différences sociales; pendant le sommeil s'établit une égalité
parfaite de tous les hommes, cette égalité à laquelle l'humanité ne fait que rêver pendant la veille.

C'est pourquoi une analyse du sommeil et des songes nous semble de nature à mettre en lumière bien des faits intéressants pour l'étude du côté subjectif de l'homme.

Que pouvons-nous donc dire de la vie pyschique de l'homme pendant le sommeil? Pour comprendre la nature intime de la vie psychique pendant le sommeil, nous devons avant tout nous rendre compte de ce que le langage psycho-physiologique du commencement de notre siècle appelait « *la vie propre des nerfs* », « *la vie propre de nos or ganes des sens* », « *le chaos des apparitions de l'état de somnolence* » (J. Müller, Purkinje, Grüithuisen, Herschell) et aussi des phénomènes visuels subjectifs. Nous devons nous demander en quoi consiste cette « vie propre » des différents appareils nerveux et cérébraux, et si elle possède quelque signification sérieuse?

De nos jours, il est reconnu, que chaque excitation nerveuse, chaque sensation ou représentation, chaque pensée et chaque mouvement de l'âme laissent une trace plus ou moins profonde dans notre système cérébro-nerveux, et que toutes ces traces peuvent ensuite revivre temporairement sous l'influence ou sous l'impulsion de notre conscience, et aussi, spontanément, sous l'action de causes qui nous sont inconnues jusqu'à présent, peut-être sous l'action d'un afflux de sang plus considérable qu'à l'ordinaire ou de quelques autres raisons. C'est précisément cette faculté de notre organisation cérébro-nerveuse qui nous permet de comparer les sensations et les représentations que nous avons à des moments différents, et de former sur cette base différentes généralisations au moyen desquelles l'homme acquiert un nombre de plus en plus grand de représentations et de notions diverses, un nombre de plus en plus grand d'idées.

Au fond de cette faculté se trouve certainement la mémoire qui est propre non seulement à chaque organe des sens, mais encore à chaque tissu, à chaque cellule de notre corps (Henle). C'est justement par cette mémoire, qui appartient en propre à chaque cellule de notre corps, que plusieurs auteurs s'expliquent la conservation de chaque espèce animale à travers des séries infinies de générations, et la transmission héréditaire des particularités, tant corporelles qu'intellectuelles, des aïeux les plus reculés aux descendants les plus lointains.

Il va de soi que, suivant que le nombre de ces traces est plus ou moins considérable dans tel ou tel système de fibres, dans tel ou tel système de cellules, la vie subjective de ces fibres ou cellules apparaît plus ou moins riche et variée ; c'est-à-dire que leur faculté de créer différentes images, différentes sensations et même différents sentiments et idées sans le secours d'excitations et irritations nerveuses extérieures, se montre d'autant plus énergique que leur provision de traces est plus abondante et plus riche.

Qu'est-ce donc que cette vie propre ou subjective des différents appareils cérébro-nerveux? Chacun de nous la connaît plus ou moins bien; il arrive à chacun de nous d'ouïr des mélodies et parfois d'entendre une voix qui l'appelle par son nom, et ce, en l'absence de tout son extérieur. Et ce n'est pas encore tout : chacun a l'occasion de connaître les phénomènes de la vie subjective des nerfs, puisque chacun entend plus ou moins souvent des bruits, des tintements, des sons, des sifflements dans ses oreilles pendant que tout se tait autour de lui. Toutes les sensations pareilles sont le résultat de l'activité subjective des appareils auditifs. Les mêmes phénomènes s'observent naturellement aussi dans les sphères de tous les autres organes des sens; mais, parmi ces derniers, les phénomènes subjectifs de la vue sont les mieux étudiés, et c'est tout naturel, puisque l'organe de la vue a une importance prédominante dans notre vie. C'est pourquoi nous allons insister plus particulièrement sur la question des phénomènes subjectifs de la vue.

Le meilleur moment pour les observer est celui qui précède le sommeil. Avant de nous endormir, nous voyons ordinairement passer devant nos yeux toute une série d'images visuelles; chez certaines personnes prédominent les images lumineuses, chez d'autres ce sont les formes humaines ; il en est qui voient le plus souvent des fleurs ou des paysages, ou encore tout un jeu capricieux de diverses arabesques, de diverses figures géométriques. Ces phénomènes subjectifs de la vue ont attiré l'attention de Johannes Müller, de Purkinje, de Grüithuisen, de Herschell et d'autres savants. Leurs observations ont démontré que ces phénomènes existent, il est vrai, chez tout le monde, mais que, loin d'être toujours remarqués, ils restent inconscients chez beaucoup de personnes ; ils sont plus accentués chez les jeunes sujets et commencent à s'affaiblir aux abords de la vieillesse. Certains voient ces images subjectives seulement quand ils ferment leurs yeux, le soir ; d'autres possèdent la faculté de les voir non seulement le soir, mais aussi pendant le jour et même avec les yeux grands ouverts. Chez les uns, ces images subjectives affectent toutes les couleurs possibles, chez les autres elles apparaissent grises sur un fond gris. Enfin, il a été constaté que ces phénomènes visuels subjectifs, pour être remarqués, exigent une certaine faculté d'observation, et c'est pourquoi ils se rencontrent le plus souvent chez des personnes intelligentes. Il suffit de concentrer l'attention sur ces images subjectives pour les voir s'effacer (Maury, Baillarger). Elles dépendent, quoique à un faible degré, de l'effort de la volonté, puisque, d'après les observations de Burdach, le caractère de ces images peut se modifier quelquefois au gré du désir. Ainsi, par exemple, lorsque devant ses yeux flottaient des faces hideuses et terrifiantes, il s'efforçait de concentrer son attention sur les formes architectoniques, et voilà que, sous l'influence de ses efforts, apparaissaient des figures pareilles à celles qu'on voit dans le kaléidoscope.

Ces images subjectives se trouvent dans un mouvement continuel : elles nous apparaissent plus ou moins distinctes, puis s'évanouissent en cédant la place à d'autres, et ainsi de suite. Bien souvent il semble alors que d'une figure une autre surgit, d'un visage un autre visage (Marie de Manacéine) ou que d'un bouquet de fleurs sortent sans cesse des fleurs différentes (Gœthe), comme une pluie de corolles qui n'aura jamais de fin.

Cependant, pour la plupart, ces images visuelles subjectives représentent des silhouettes humaines en miniature ou des visages presque de grandeur naturelle. D'après une remarque absolument juste de Herschell, parmi ces visages il s'en rencontre bien rarement d'agréables ou de beaux ; au contraire, la plupart sont rébarbatifs, baroques, hideux et même monstrueux ; on se demande quelle en est la raison ? C'est tout simplement, je crois, que dans notre vie réelle les formes hideuses prédominent sur les formes belles, et par conséquent, dans notre système névro-cérébral, les formes hideuses doivent fatalement laisser plus de traces que les choses belles.

Une jeune personne, que je connais bien, avait trouvé dans son enfance, instinctivement, le moyen d'écarter les images hideuses et de les remplacer par des figures attrayantes : avant d'aller se coucher, elle choisissait quelque tableau représentant un charmant et beau visage, et le prenait dans son lit, où elle le contemplait avant de fermer les yeux. Quand la mère lui demandait pourquoi elle faisait cela, elle répondait naïvement :

— Pour avoir de beaux songes, maman, et chasser toutes les vilaines figures qui viennent dans mes yeux même avant que je ne m'endorme.

D'après les observations de Schrœder van der Kolk, ces images subjectives s'effacent si l'homme change de position dans le lit, c'est-à-dire, s'il se retourne sur un autre côté ; le même observateur a remarqué que ces images, quand elles apparaissent en grande quantité, peuvent être dissipées par l'application d'une compresse d'eau froide sur le front. Elles pâlissent, elles semblent s'étioler progressivement sous l'influence du froid avant de disparaître. Ce fait démontre naturellement que les phénomènes visuels subjectifs dépendent, jusqu'à un certain point, de l'afflux plus ou moins grand du sang vers le cerveau.

D'un autre côté, une observation de Herschell a prouvé que les mêmes conditions extérieures peu-

vent toujours susciter les mêmes images subjectives ; celles-ci, chez Herschell, apparaissant toujours les mêmes chaque fois qu'il se trouvait sous
l'influence du chloroforme.

*
* *

D'autres expériences ont encore démontré que
les apparitions subjectives se développent en certains cas dans les parties périphériques de l'appareil visuel, tandis qu'en d'autres, au contraire,
elles se forment dans les appareils intra-cérébraux
de la vue ; suivant le lieu où elles se forment, les
mouvements des yeux affectent différemment ces
images subjectives, les dissipant dans les cas de
la première catégorie, demeurant sans action sur
elles dans les cas de la seconde (Johannes Müller,
Burdach). Cette même différence que l'on observe
dans les représentations visuelles se retrouve dans
les sensations qu'elles provoquent, puisque, quand
nous pensons à un objet quelconque et que nous
essayons de nous le représenter, nous fermons le
plus souvent les paupières ; mais alors nous ne
réussissons pas toujours à obtenir l'image de cet
objet directement devant nos yeux ; quelquefois
nous avons comme la conscience que cette image
apparaît seulement au milieu de notre tête.
L'image subjective est toujours beaucoup plus dis-
tincte lorsqu'elle se forme dans les parties péri-

phériques de l'organe de la vue, que lorsqu'elle se développe dans les parties centrales intra-cérébrales. Cette différence est aisée à expliquer : pour figurer les images subjectives périphériques, il nous faut mettre en jeu toutes les parties correspondantes des appareils visuels dans leur étendue entière, en commençant par les centres et en finissant par les parties périphériques des rétines, tandis que pour obtenir les images subjectives centrales, nous ne mettons en jeu que les parties correspondantes centrales, et par conséquent l'activité est beaucoup plus restreinte et faible dans le dernier cas que dans le premier.

Pour les phénomènes subjectifs de l'ouïe, il en va de même que pour les images subjectives de la vue, c'est-à-dire que certains mots, certaines mélodies peuvent retentir, tantôt périphériquement dans nos oreilles ou même au dehors de nos oreilles, tantôt, au contraire, nous les sentons dans notre tête. Les fous aussi entendent des voix qui leur parlent dans certains cas au milieu de la tête, tandis que dans d'autres ces voix leur paraissent venir du dehors, c'est-à-dire leur semble avoir une origine naturelle et extérieure.

Pour ces différentes localisations des phénomènes subjectifs de l'ouïe, les expériences du professeur prince Jean de Tarchanoff présentent un grand intérêt. Ces expériences ont démontré que si dans nos deux oreilles nous faisons pénétrer, au moyen de deux téléphones, des sons d'une intensité absolument égale, nous les percevons alors, non pas dans nos oreilles, mais au contraire, juste au milieu de notre tête. Si le son est affaibli dans l'un des téléphones, le point de sensation se déplace et se rapproche de l'oreille qui reçoit le son le plus fort. En continuant d'affaiblir le son passant par l'un des deux téléphones, on avance de plus en plus le point de sensation vers l'oreille où le son arrive avec le plus de force (Tarchanoff). Pour le succès de cette expérience, il est nécessaire, non seulement que les sons tombent avec une intensité parfaitement égale dans les deux oreilles, mais aussi que les deux oreilles possèdent une ouïe également fine. Tous ceux qui avaient eu l'occasion de subir cette expérience, disaient que tous les sons différents qu'on sentait alors au milieu de la tête produisaient sur eux une impression des plus accablantes et des plus désagréables, et moi-même j'ai pu bien souvent le constater. Cette impression est si pénible, que nous avons toute raison de remercier la Providence qui nous a pourvu d'oreilles ainsi disposées que l'entrée simultanée de sons égaux par leur intensité et leur qualité est rendue impossible.

Chez les fous, toute perception de sons et de voix au milieu de la tête résulte, évidemment, d'une irritation égale et uniforme des deux centres auditifs; tandis que toute prédominance de l'irri-

tation dans l'un d'eux se traduit par une localisa-
tion des sons et des voix dans le milieu extérieur
ambiant. C'est du moins ce que semblent prouver
les expériences de Tarchanoff avec les téléphones.

Les phénomènes subjectifs de l'ouïe, qui apparaissent quelquefois chez les personnes bien portantes et qui semblent se localiser au milieu de la
tête, ne produisent pas ordinairement une impression aussi pénible, parce qu'ils sont toujours plus
ou moins faibles et indistincts; mais dès qu'ils
s'accentuent ils commencent à devenir fatiguants.

* *

Ainsi nous voyons que les phénomènes auditifs
et visuels subjectifs peuvent être tantôt périphériques, tantôt intra-crâniens. Une question se pose :
que se passe-t-il dans nos appareils cérébro-nerveux pendant ces phénomènes subjectifs? ces
phénomènes subjectifs sont-ils accompagnés des
mêmes processus qui s'observent dans les tissus
cérébro-nerveux pendant toute activité cérébro-
nerveuse occasionnée par les excitations extérieures de nos organes des sens? A cette question,
nous pouvons répondre affirmativement, parce
que toute notre organisation est basée sur la loi
qui exige que chaque répétition, chaque réminiscence des mouvements ou des sensations passés,
soit accompagnée, dans les tissus et les organes

intéressés par ces actes, de changements et de processus analogues à ceux qui s'y étaient produits pendant l'accomplissement réel de ces mouvements ou de ces sensations.

Érasme Darwin, le grand-père du célèbre Charles Darwin qui a fait époque dans la science de notre siècle, a prouvé l'existence de cette loi par une expérience très ingénieuse. Il est reconnu que tout repos plus ou moins complet de nos organes des sens en accentue l'impressionnabilité. Érasme Darwin s'est servi de ce fait pour démontrer que la représentation ou la réminiscence de sensations éprouvées jadis par nous en réalité s'accompagne d'une certaine activité des appareils nerveux correspondants. Son expérience est purement subjective et si simple que chacun peut la répéter sur soi-même. Érasme Darwin, ayant prié une personne de fermer les yeux, lui dit de concentrer toute son attention sur une certaine chanson, sur une mélodie connue, puis, en relevant subitement les paupières, de bien remarquer jusqu'à quel point la lumière l'éblouira douloureusement. Après un certain temps, il invite la même personne à fermer les paupières encore une fois et à concentrer son esprit sur quelques objets visuels, par exemple, il la prie de penser attentivement à un paysage connu, ou à un ami, puis, en ouvrant subitement les yeux, de remarquer encore le degré de la sensation pénible que lui causera la lumière.

D'après Érasme Darwin, les yeux sont beaucoup moins affectés par la lumière dans les cas où l'on a pensé à des objets visuels les paupières baissées, et au contraire ils le sont beaucoup plus quand l'attention a été concentrée sur les représentations de l'ouïe. Moi-même j'ai plusieurs fois répété l'expérience d'Érasme Darwin et j'ai obtenu les mêmes résultats que lui. En outre, je me suis convaincue qu'on obtient des résultats analogues avec les autres organes des sens; ainsi, par exemple, l'eau froide nous semble beaucoup plus froide lorsque, avant l'immersion de la main, nous pensons aux sensations de la chaleur ou à quelque autre chose sans rapport avec les sensations de température; au contraire, la sensation du froid apparaît sensiblement atténuée lorsque, avant de plonger la main, nous concentrons notre esprit sur les impressions du froid.

De même que les organes de la vue et de l'ouïe, les organes des autres sens ont chacun en propre une vie subjective avec des phénomènes purement subjectifs. Ainsi, par exemple, les nerfs thermiques nous donnent souvent la sensation d'un froid ou d'une chaleur subjectifs; il en est de même pour les nerfs du toucher : le léger picotement ou chatouillement que nous ressentons aux extrémités de nos doigts quand nous y concentrons notre attention (John Hunter) n'est que le phénomène de la vie subjective des nerfs tactiles. Il est certain que

les phénomènes subjectifs visuels sont les plus
nombreux et les plus variés, et c'est tout naturel
puisque l'organe de la vue joue le premier rôle
dans le développement de notre vie psychique.

Ainsi chaque représentation ou réminiscence
d'une sensation occasionne dans les appareils et les
tissus correspondants de notre corps des changements et des processus qui se distinguent peut-être
quantitativement, mais non, certes, qualitative-
ment des processus qui s'y développent pendant
les sensations primitives et réelles. Ainsi des expériences directes (Spirro, Beard, Preyer) ont démontré qu'il suffit de penser à tel ou tel mouvement pour
que, dans le groupe musculaire correspondant,
apparaissent atténuées les contractions nécessaires
pour l'accomplissement du mouvement voulu ; ainsi,
quand nous pensons des mots, on observe toujours
quelque trace légère des mouvements qui se succèdent dans les appareils musculaires correspondants, et qui sont comme les reflets plus ou moins
imperceptibles des contractions musculaires qui
étaient et sont toujours nécessaires pour la pro
nonciation réelle des mots pensés. Cette faculté
caractéristique de notre organisation névro-musculaire est très habilement mise à profit par les soi-
disant « lecteurs des pensées » (Tarchanoff).

Il est aisé de comprendre que, plus le côté conscient de l'homme est faiblement développé, plus
son pouvoir de se gouverner est petit, d'autant

15.

plus fortement doivent se manifester toutes ces traces subjectives, et non seulement dans les muscles, mais aussi dans les nerfs; cela nous explique, d'un côté, l'habitude qu'ont certaines personnes de formuler à haute voix leurs pensées, c'est-à-dire de penser tout haut, et de l'autre, l'imitation invincible des enfants et des sauvages.

Cette faculté singulière de notre organisation névro-cérébrale et musculaire présente une grande importance pour le développement de tout le côté moral de l'homme, car il n'est pas douteux que la base principale de toute la morale se trouve justement dans le sentiment de la pitié (A. Schopenhauer). Or, pour pouvoir ressentir la pitié il nous faut recevoir un reflet, si faible soit-il, des souffrances, des douleurs d'autrui dans nos propres nerfs, tissus et organes, et cela n'est pas possible sans notre faculté de réverbérer en quelque sorte toutes les sensations et tous les sentiments qui entrent d'une manière ou d'une autre dans la substance de nos pensées. Cela va de soi. Le sentiment de la pitié influe à tel point sur le développement des rapports mutuels des hommes, que son importance s'est reflétée même dans la langue des différents peuples civilisés, qui tous emploient le mot « *inhumain* « pour désigner tous actes dénotant l'absence complète de la pitié et le mot « *humain* » pour qualifier les actes qu'inspire la pitié.

Eh bien! ce sentiment de la pitié serait pour nous

impossible, si l'organisation même de notre système névro-musculaire et névro-cérébral n'était point telle, qu'à la simple vue et même à la seule pensée d'un mouvement ou d'un état quelconques nous éprouvions dans les appareils névro-musculaires et névro-cérébraux des impulsions et des excitations identiques à celles auxquelles nous pensons. C'est ainsi que la même faculté de notre organisation cérébro-névro-musculaire qui, d'un côté, oblige nos enfants à répéter involontairement chaque mouvement, chaque grimace qu'ils voient, mène d'un autre côté au développement de ce sentiment d'altruisme, qui sert de base principale à toute morale, c'est-à-dire au développement de la pitié.

Calderon a dit que pour nous il n'y a pas de différence entre souffrir nous-mêmes ou voir souffrir autrui. Jean-Jacques Rousseau, à son tour, a signalé la grande importance, pour la morale, du sentiment de la pitié; mais pour démontrer jusqu'où peut aller le sentiment de la souffrance d'autrui, je citerai le fait suivant : un père, en rentrant chez lui, voit que son petit garçon s'est pris les doigts de la main gauche dans une porte; il ressent une grande frayeur et subitement éprouve une douleur violente dans les doigts correspondants de sa main gauche, douleur qui ne le quitte pas pendant trois jours. Ce cas a été rapporté par le Dr Meier, et on en pourrait citer toute une série de pareils. Je mentionnerai encore le fait bien connu, que nous ne pouvons pas voir les bâillements ou les vomissements d'autrui sans présenter des phénomènes analogues, et le Dr Treviranus estime même qu'une imflammation des yeux ou de quelque autre partie du corps peut se développer sous l'influence de la simple vue d'une pareille inflammation chez un autre sujet. M. Dean a publié le cas suivant : une mère, en voyant son enfant se passer le tranchant d'un canif entre les lèvres, ressentit subitement une douleur très vive à ses propres lèvres, qui commencèrent à se gonfler aussitôt.

De la même façon s'explique la stigmatisation, c'est-à-dire l'apparition de taches rouges sur les mains et les pieds, aux points mêmes où les clous furent enfoncés chez Notre-Seigneur Jésus-Christ. De semblables stigmates ont été maintes fois observés chez des femmes exaltées et hystériques dans les pays catholiques. En un mot, de tous les faits cités on peut conclure que, si chaque représentation de telle ou telle sensation n'occasionnait pas dans nos appareils névro-cérébraux un mouvement réflexe plus ou moins fort, nous ne pourrions jamais comprendre la douleur ou la souffrance d'autrui, nous ne pourrions jamais compatir à nos prochains, et dès lors toute doctrine morale, toute idée de devoir serait absolument impossible et impraticable.

* *

En général, la base primitive de tous nos sentiments et de toutes nos passions doit être cherchée dans le réflexe : tous nos sentiments et émotions se caractérisent donc, d'après la juste remarque de M. Bain, par une forte tendance à la diffusion, à la propagation à distance ; de sorte que chaque sentiment se complique aisément d'un autre qui lui ressemble plus ou moins par ses effets vasomoteurs. Ainsi la frayeur est souvent suivie de colère, sans doute parce que la frayeur, en provoquant une contraction des vaisseaux sanguins périphériques, occasionne par cela même un afflux plus considérable du sang vers les organes intérieurs, et comme en même temps elle ralentit ou même arrête momentanément la respiration et les mouvements cardiaques, elle doit nécessairement déterminer une hypérémie de stase dans le cerveau. Puis, comme l'organisme tâche de regagner l'équilibre perdu entre les fonctions dérangées des différents organes, la respiration devient plus accélérée, l'activité du cœur plus énergique, et c'est ainsi qu'au bout d'un certain temps se trouvent réalisées dans l'organisme quelques-unes des conditions physiologiques du sentiment de la colère.

Au bon vieux temps, les parents avaient coutume de punir les enfants tout de suite après quelque

chute dangereuse. Cet usage de châtier les enfants, qui s'étaient déjà fait du mal en tombant,
ne découlait nullement de considérations pédago-
giques; il était dû tout simplement à ce que la
frayeur occasionnée aux parents par la chute de
leur enfant bien-aimé se transformait ensuite en
colère par la diffusion du premier sentiment.

D'un autre côté il est reconnu que les enfants et
les personnes hystériques passent aisément du
rire aux pleurs. Comment s'expliquer ce phénomène en apparence contradictoire? Tout rire plus
ou moins fort trouble la régularité de la respiration; par conséquent le sang a plus de peine à
refluer de la tête, le visage rougit; les muscles
circulaires des yeux se contractent convulsive-
ment, les larmes coulent en abondance, de sorte
que le visage d'un homme qui rit fortement ne
peut pas se distinguer, d'après la remarque de
Ch. Darwin, du visage d'un homme qui pleure.
Reynolds dit la même chose en démontrant que
la physionomie d'une Marie-Magdelaine en larmes
et celle d'une bacchante riant follement offrent
beaucoup de ressemblance.

Pendant le fou rire, comme le reflux du sang du
cerveau est entravé, le tissu nerveux n'a plus la
quantité d'oxygène qui lui est nécessaire pour
son activité normale, et par suite cette activité
s'amoindrit, ce qui provoque finalement des sensations désagréables; en un mot, sous l'influence

d'un fou rire, l'état du cerveau devient analogue à ce qu'on observe pendant un chagrin profond et une lourde tristesse. Et comme les conduits nerveux vont annoncer au cerveau la contraction des muscles oculaires, comme en même temps tous les appareils névro-cérébraux et névro-musculaires qui participent aux contractions de cette nature se trouvent déjà excités et prêts à une activité énergique, il est aisé de comprendre que, grâce à la diffusion et à l'association des sensations nerveuses, une sécrétion de larmes accidentelle et purement mécanique peut facilement aboutir à des pleurs véritables. Charles Darwin a déjà remarqué que c'est ainsi, d'après toutes les probabilités, qu'il faut s'expliquer la transformation d'un fou rire en sanglots déchirants chez les hystériques.

Si chaque sentiment a pour point de départ un réflexe, c'est-à-dire une certaine sensation et un mouvement réflexe musculaire consécutif à cette sensation, de pareilles transformations d'un sentiment en un autre, n'ont alors rien d'étonnant, puisque tous les réflexes en général ont une tendance à se généraliser et propager dans les différents groupes musculaires, tant dans ceux qui obéissent à la volonté que dans les autres muscles, par exemple les muscles du cœur et des vaisseaux, qui se montrent presque complètement réfractaires à l'influence de la volonté.

Il va de soi que plus la conscience est fortement développée chez un homme, plus le nombre est grand de ses représentations, d'autant plus variées et diverses se montreront les associations de ses cellules névro-cérébrales ; par conséquent d'autant plus s'affaiblira le côté réflexe de chaque émotion, de chaque sentiment et d'autant plus complète apparaîtra la faculté de se gouverner. Chez un homme primitif, toute force nerveuse qu'il dépense pour un accès de colère se propage seulement sur ceux des appareils névro-cérébraux qui gouvernent les mouvements de certains groupes musculaires ; tandis que chez nous, d'autres idées se font jour en même temps : nécessité de se contrôler, craintes des suites nuisibles pour la santé d'une colère trop forte, peur de paraître ridicule ; nous nous rappelons peut-être aussi différents cas analogues au nôtre, différentes lois existant dans le pays où nous vivons, etc. Il est naturel que, dans les conditions décrites chez l'homme primitif, la colère doive se transmettre à l'extérieur par une contraction musculaire des plus violentes, par un coup de poing, par des soufflets et ainsi de suite, tandis que chez nous elle peut ne se manifester que par de rapides changements de couleur, et par un éclair passager des yeux. Chez les idiots, un accès de colère provoque très souvent des convulsions générales (Maudsley).

On peut trouver une preuve indirecte de tout ce qui vient d'être dit dans ce fait bien connu que, chez les personnes atteintes de paralysie d'un côté du corps, c'est-à-dire d'hémiplégie, toute émotion de l'âme occasionne la contraction des muscles seulement dans le côté malade insensible aux impulsions conscientes et volontaires.

En résumé, nous arrivons à la conclusion suivante : le point de départ de chaque sentiment est toujours un acte réflexe ; même le sentiment le plus élevé de l'âme humaine — celui de la pitié — n'est possible que grâce à la loi psycho-physiologique de notre organisme d'après laquelle toute représentation, tout aspect de la douleur d'autrui met plus ou moins en branle les tissus et les appareils correspondants de notre corps. C'est justement grâce à cette faculté d'imitation involontaire de notre système névro-cérébral, que nous ne pouvons voir quelqu'un bâiller sans nous mettre tout de suite à bâiller nous-mêmes, ou voir des figures souriantes et joyeuses sans devenir nous-mêmes plus ou moins joyeux et souriants. C'est seulement grâce à cette faculté que l'humanité peut jouir du théâtre. Si tout ce que nous voyons et tout ce que nous entendons n'était suivi d'innervations analogues dans les nerfs sensibles et moteurs, nous n'aurions jamais pu comprendre l'art dramatique.

Comme preuve que cette faculté humaine de se réjouir en voyant la joie d'autrui et de pleurer, de souffrir en voyant souffrir et pleurer a sa source dans le réflexe, nous pouvons citer ici l'observation suivante des mémoires de Mme Passek. Elle visitait un jour Mme Herzen juste au moment où, dans le salon de cette dernière, se trouvait le célèbre acteur russe Tchepkine. La maîtresse de la maison tenait sur ses genoux son fils sourd-muet. Tchepkine, s'occupant du pauvre infirme, se fit un visage joyeux et se mit à rire : l'enfant, en le regardant, se prit aussi à rire ; il sautait gaîment sur les genoux de sa mère, et toutes les mines, et tous les gestes du sourd-muet révélaient une humeur heureuse et enjouée. Alors Tchepkine changea tout d'un coup l'expression de son visage : tout chez lui trahissait maintenant un chagrin profond, et des larmes abondantes coulaient lentement le long de ses joues. Le petit sourd-muet eut une mine d'étonnement, puis il prit une figure mécontente et triste, et commença à pleurer de toutes ses forces. Tchepkine se fit de nouveau un visage joyeux, et le petit garçon l'imita. Cette expérience se répéta trois fois de suite et toujours avec le même succès. L'infirme était encore en bas âge, et comme il ne pouvait absolument rien entendre du monde des sons, il ne subissait l'influence de Tchepkine que grâce à la mimique et aux gestes de ce dernier, c'est-à-dire grâce à certaines contractions musculaires.

Il va sans dire que tout cela serait impossible si nos appareils névro-cérébraux n'étaient pas doués

d'une vie propre, d'une vie subjective, c'est-à-dire
s'ils pouvaient être excités exclusivement sous l'influence des irritations extérieures. Si la vie propre
des appareils névro-cérébraux était mieux étudiée,
la différence fondamentale entre les sentiments et
la pensée serait mieux connue ; déjà il est presque
hors de doute que cette différence se réduit à ce
qu'au fond des différents sentiments se trouve
toujours une excitation subjective des appareils
nerveux périphériques, et par conséquent les sentiments sont toujours accompagnés de modifications vaso-motrices plus ou moins marquées,
rougeur, pâleur du visage, ralentissement et
accélération du pouls, etc., — tandis qu'au fond
de la pensée se trouve aussi une activité subjective, mais au lieu des appareils périphériques,
cette activité subjective affecte les appareils centraux, cérébraux, à la seule exception peut-être
de ceux d'entre ces appareils périphériques qui
sont liés avec notre parole. Cette exception est
vraisemblable, car notre pensée s'accompagne bien
souvent comme d'un reflet, d'un écho des mots qui
la composent, et cet écho se produit non seulement dans les oreilles, mais aussi dans les organes de la parole, lesquels, par suite, doivent évidemment subir certains changements fonctionnels.

Nous nous sommes arrêtée un peu longuement
sur la question de la vie propre ou subjective des
appareils névro-cérébraux, parce que cette vie forme

la base non seulement des sentiments et de la pensée, mais aussi de notre imagination. En outre, il est aisé de comprendre que toute la vie psychique de l'homme pendant le sommeil repose justement sur la vie subjective de nos appareils névro-cérébraux. Sans cette vie subjective des nerfs et du cerveau, l'homme n'aurait jamais eu ni des songes, ni des hallucinations.

.
. .

Nous voilà ainsi arrivés à la conclusion, que nos songes sont le produit des mêmes processus qui provoquent aussi les hallucinations; puis nous avons reconnu que toute la vie subjective de nos appareils névro-cérébraux dépend directement de la quantité plus ou moins grande des traces accumulées dans telle ou telle région de notre organisation névro-cérébrale. Donc si nos conclusions sont justes, les songes doivent avoir leur siège principal dans ceux des appareils névro-cérébraux de notre organisme qui travaillent le plus pendant notre vie positive à l'état de veille. On se demande alors ce que nous voyons sous ce rapport dans la réalité? Chez tous les sujets normaux, les songes donnent pour la plupart des images visuelles; ainsi par exemple, quand on voit en songe un orage, cet orage n'est le plus souvent constitué que par des éclairs, tandis que le tonnerre est absent de nos rêves.

Des observations directes ont déjà prouvé que
les songes visuels sont les plus fréquents, les sensations des autres organes sensoriels ne faisant
que compléter celles de la vue. Viennent ensuite
les songes auditifs, tandis que les songes qui in-
téressent le toucher, l'odorat, le goût, le sens
musculaire et le sens de la température se rencontrent plus rarement. Les songes purement auditifs,
c'est-à-dire pendant lesquels l'homme perçoit seulement des sons sans images visuelles, s'observent
exclusivement chez les musiciens, c'est-à-dire chez
les personnes ayant une ouïe fortement développée; mais ces songes purement auditifs ne se rencontrent que dans 3,5 p. 100 des cas. Les songes
visuels compliqués de représentations auditives se
rencontrent dans 60 p. 100 des cas; dans 35 p. 100,
les songes amalgament aux impressions de la vue
et de l'ouïe celles du toucher, du sens de la température et du sens musculaire; tandis que les
sensations olfactives et gustatives compliquent les
songes visuels seulement dans 5 p. 100 des cas.

Des résultats analogues ont été obtenus dans les
expériences entreprises en vue d'expliquer la fréquence des hallucinations dans les maladies mentales. Il a été alors constaté que les hallucinations
les plus nombreuses sont justement celles de la
vue et de l'ouïe, et ensuite, par ordre de fréquence décroissante, celles du toucher, de l'odorat
et du goût (Macario). Une analogie aussi complète

entre les songes et les hallucinations ne présente rien d'étrange lorsque l'on sait que les images de nos songes, de même que les hallucinations, sont constituées justement par ces traces qui se sont accumulées au cours de la vie dans les appareils névro-cérébraux de notre corps. Cependant, il n'est que juste de le remarquer, c'est Aristote le premier qui a dit que nos songes se forment des traces laissées par les différentes sensations de notre vie à l'état de veille.

Après tout ce qui vient d'être dit, il va de soi que la vie subjective des appareils névro-cérébraux doit se montrer d'autant plus riche et variée que le développement personnel du sujet est plus considérable. Les observations que j'ai faites pendant cinq ans sur 37 personnes d'un âge et d'une intelligence différents m'ont donné les résultats suivants : 1° le nombre des songes est d'autant moins considérable, que la personne observée se montre moins développée intellectuellement, et plus inculte; au contraire, plus la vie cérébrale est active chez un sujet, plus ses songes sont nombreux et variés; 2° j'ai trouvé que plus un homme est inculte et borné, c'est-à-dire plus sa vie intellectuelle est pauvre, plus ses songes se distinguent par leur caractère illogique, baroque et rudimentaire, et plus aussi ils se bornent à répéter ce qui a été réellement éprouvé par le sujet les jours précédents. Cette répétition pendant les songes de ce qui s'est passé pendant l'état de veille s'observe dans 80 p. 100 des cas, tandis que chez les sujets intelligents, chez les sujets qui vivent d'un travail cérébral, les rêves ne reproduisent presque jamais ce qui a été vécu pendant l'état de veille; ils manifestent au contraire la force créatrice de leur cerveau, suscitent un décor étrange, inconnu comme les scènes qui s'y déroulent. Le nombre des songes est fort restreint dans lesquels on a observé, chez des personnes intelligentes, l'apparition de figures connues, d'un milieu ou d'objets familiers: en y joignant les rêves où se répercutaient quelques échos de leur vie réelle avec ses soucis et ses intérêts, on n'arrivait qu'à 15 p. 100 des cas.

On se demande à présent comment peut s'expliquer une pareille différence entre les sujets d'un intellect différent, on se demande pourquoi le nombre et la qualité des songes varient suivant le *modus vivendi* et surtout suivant le degré d'intelligence.

En nous reportant à ce que nous avons dit de la vie propre ou subjective de nos différents appareils névro-cérébraux, nous pouvons comprendre que cette vie subjective doit nécessairement se montrer d'autant plus riche et variée que les traces laissées par les sensations, par les représentations, les sentiments et les pensées ont été plus nombreuses et plus diverses. Et comme les songes eux-mêmes se forment justement de ces traces accumulées dans les appareils névro-cérébraux, il est aisé de concevoir que les rêves mêmes doivent être d'autant plus nombreux et variés que la somme totale des traces différentes dans les appareils névro-cérébraux est plus considérable ; car ces traces sont les principaux éléments constitutifs de toute activité subjective et volontaire des nombreux appareils névro-cérébraux de l'organisme humain. Il n'est pas moins clair que l'homme ayant reçu une éducation et un développement supérieurs doit conserver des traces plus nombreuses et plus variées des sensations, des représentations, des conceptions, des sentiments et des pensées de sa vie passée, puis ce capital fondamental de notre système névro-cérébral s'accroît en raison même du développement, en raison même de l'éducation de chacun de nous.

Par conséquent, plus la culture intellectuelle de l'homme est élevée, plus les songes qui lui apparaissent présentent la répétition des degrés précédents de son développement *personnel ;* au contraire plus cette culture est rudimentaire, plus ses songes reflètent les périodes précédentes du développement de l'*espèce*, c'est-à-dire les capacités générales que son système névro-cérébral hérita de ses ancêtres ; d'un autre côté, la pauvreté du monde psychique d'un homme est cause que ses songes devront nécessairement retracer les faits qui l'ont occupé pendant la veille, qui ont rempli sa vie active. Chez les hommes personnellement très développés, la richesse des traces névro-cérébrales variées donne aux rêves la possibilité non seulement de ressusciter les sentiments, les représentations et les pensées oubliées, mais d'en former des combinaisons nouvelles, de créer des images qui n'ont jamais existé.

Il est non moins évident que, plus le développement personnel de l'homme est élevé, plus élevé doit être aussi le développement de la société ou du peuple auxquels il appartient, et partant plus riche et variée doit être la somme des traces et des aptitudes accumulées dans ses appareils névro-cérébraux ainsi que dans tous les organes de son corps en général. Les grands penseurs comme Pascal, Kant, Newton, John Stuart Mill, Darwin, les poètes comme Gœthe, Shakespeare, Racine, Lamartine, Pouchkine, Léopardi, les musiciens comme Bach, Beethoven, Wagner, Berlioz, Grieg, Glinka ou Tschaïkowsky, n'ont pu apparaître qu'à un certain degré de développement de toute la nation ou, en d'autres termes, quand la richesse du capital héréditaire, passant d'une génération à l'autre, a abouti à un certain degré de développement. Il ne faut pas oublier que chaque individu à part représente en quelque sorte la somme des qualités de ses parents et de ses ancêtres.

Par conséquent, l'homme reproduit souvent dans

ses rêves les stades précédents de son développement personnel, ainsi que de celui de son espèce;
à ce point de vue, l'étude des songes peut donner
des indications très importantes pour l'éclaircis-
sement de différentes questions psychologiques.

*
* *

Le sommeil, comme nous l'avons dit, n'est autre
chose que le temps du repos de notre conscience;
par suite, plus le sommeil est profond, moins
il comporte de rêves, et au contraire un sommeil
léger s'accompagne ordinairement d'une quantité
plus ou moins grande de songes. Ce fait est bien
naturel, car, pour se rappeler un rêve il est nécessaire de conserver un certain degré de conscience,
et c'est pourquoi pendant un sommeil profond,
c'est-à-dire pendant un repos complet de la conscience, nos rêves sont si rares et nous en gardons
si peu le souvenir. Après tout ce qui a été dit,
nous ne pouvons plus nous étonner que les
sujets qui rêvent beaucoup chaque nuit se distinguent par une plus grande tendance au sommeil que ceux qui ne rêvent que rarement
(F. Heerwagen). Les rêves, lorsqu'ils pénètrent,
distincts et nombreux, jusqu'à la conscience, en
troublent la tranquillité; elle a dès lors besoin
d'un repos plus prolongé, en d'autres termes, d'un
sommeil plus prolongé.

En me basant sur les observations que j'ai poursuivies pendant cinq ans sur 37 sujets, je suis arrivée encore au résultat suivant :

Dans la majorité des cas, j'ai constaté une moindre fréquence des rêves à mesure qu'on approche de la vieillesse, de sorte que les jeunes gens et les personnes d'un âge moyen ont plus de songes que les vieilles gens, et le même résultat s'observe par rapport aux images visuelles subjectives.

En outre, nous avons déterminé que tout ce qui intéresse le plus fortement l'homme pendant l'état de veille, tout ce qui absorbe le plus son attention ne forme jamais la contexture de ses rêves ; c'est pour cela que, lorsque nous avons perdu des êtres qui nous sont chers, nous les voyons en songe toujours vivants et bien portants, dans la période qui suit leur mort et c'est seulement lorsque notre chagrin s'apaise et se dissipe avec le temps qu'ils nous apparaissent autrement. Enfin l'on sait que les pertes de sang, les maladies qui épuisent l'organisme et tous les sentiments qui le dépriment, diminuent le nombre des rêves.

Il est nécessaire de noter que, suivant le célèbre Johannes Müller, les images visuelles subjectives s'observent surtout d'une manière claire et fréquente alors que l'homme se sent tout à fait bien portant et tranquille.

Les paroles, phrases et mots séparés ne se rencontrent que dans 8, 5 rêves sur 100, même en

groupant ensemble ses propres paroles avec celles
de ses interlocuteurs ; si l'on distingue les paroles
entendues de celles que l'on a prononcées, la proportion, pour les premières, s'abaisse à 1 p. 100,
tandis que les représentations visuelles s'observent dans 85 rêves sur cent.

On sait aussi que, dans les rêves, nous assortis-
sons souvent les mots suivant leur consonnance
(Maury), comme le font les aliénés, les idiots et
les enfants. Nous voyons ainsi que, même sous
ce rapport, le sommeil présente une certaine analogie avec l'état que l'on observe en général pendant un affaiblissement de la conscience.

Il n'est pas superflu de remarquer ici que dans
nos rêves nous ne voyons presque jamais notre
propre visage, notre propre silhouette, et si cela
nous arrive, ce n'est que dans le cas où, pour une
raison ou pour une autre, nous avons dû nous
regarder longtemps dans le miroir la veille du
rêve. Ce fait nous donne lieu de supposer que les
belles dames, se contemplant plus longtemps et
plus souvent dans le miroir, doivent se voir plus
souvent en songe que le commun des mortels.
On observe la même loi en ce qui concerne les
hallucinations : la déitéroscopie, c'est-à-dire les
hallucinations où l'on se voit soi-même, se rencontre très rarement. Il est vrai que Gœthe a eu
une hallucination semblable en plein jour et au
milieu d'une plaine, mais on sait qu'il s'occupait

beaucoup de sa personne aux jours de sa jeunesse.

Pour démontrer d'une manière bien évidente jusqu'à quel point la fréquence des rêves est liée au développement intellectuel, je relaterai ici les données statistiques que j'ai obtenues pendant mes observations de cinq années.

Chez les personnes occupées d'un travail intellectuel (professeurs, écrivains et savants) et se trouvant en bonne santé, le nombre des nuits sans rêves oscillait entre trois et dix par mois; mais qu'une cause d'épuisement, une fatigue survînt, et ce nombre augmentait de dix à vingt. D'autre part, chez les sujets appartenant aux classes inférieures de la société (cuisinières, servantes, couturières, cochers, soldats, etc.), les rêves manquaient ordinairement de huit à vingt-cinq fois par mois, suivant les différences individuelles de chaque sujet. En un mot, plus la vie intellectuelle est riche et active, plus il y a de rêves.

On se demande maintenant en quoi la vie psychique pendant le sommeil se distingue de la même vie pendant l'état de veille, pendant l'activité de la conscience. Y a-t-il une différence, et si elle existe, ne pourrions-nous pas, en nous basant sur ce fait, élucider quelques points obscurs tou-

16.

chant les conditions de notre vie psychique? Pendant le sommeil, pendant les rêves, nous sommes souvent, pour ainsi dire, les simples spectateurs des images et des scènes qui se déroulent devant nous, et ce n'est que très rarement qu'intervient notre personnalité, notre propre « moi ». C'est pour cela que chacun de nous accomplit pendant le sommeil tels actes, éprouve tels sentiments, qui sont en contradiction complète avec ses plus profondes convictions et qui sont incompatibles avec son caractère. Ainsi, des êtres bons et doux se transforment, dans les rêves, en assassins et en scélérats. Pourquoi? Mais parce que, dans l'assoupissement de la conscience, les qualités personnelles de l'homme s'effacent peu à peu pour céder la place à l'activité des appareils névro-cérébraux hérités d'ancêtres plus ou moins anciens, avec toutes les représentations, les sentiments, les pensées et les actes correspondants à cette activité. En songe nous revivons, nous ressentons, pour ainsi dire, ce que sentait, ce que pensait l'un de nos aïeux. Comme exemple, je puis citer le rêve décrit par Loti dans son « *Livre de la pitié et de la mort* »; mais s'il veut y réfléchir, chacun de nous peut retrouver des rêves analogues dans sa vie personnelle pendant le sommeil. En général, pendant les rêves, on a une notion très faible, et même presque nulle, de sa propre personnalité, comme l'ont indiqué déjà plusieurs auteurs (par exemple Spiess). Pour nous ce fait a une importance toute particulière, car il est clair qu'un homme a d'autant plus nette la notion de sa personnalité que sa conscience est plus développée ; et au contraire, quand la conscience est faible, cette notion est vague et confuse. C'est ainsi que les petits enfants, dont la conscience, pendant les premières années de la vie, est comme on le sait faible et peu développée, ne peuvent pas comprendre la signification du mot *je* : au lieu de dire *je*, ils prononcent des mots bien plus difficiles pour leur langage enfantin, comme par exemple leur nom de baptême, et parlent de soi-même à la troisième personne.

Le même phénomène s'observe aussi chez les idiots (Broussais) et dans certaines formes des maladies mentales. En un mot, tout affaiblissement, toute abolition de la conscience chez les hommes entraîne l'affaiblissement, l'abolition de leur *moi* personnel, de leur *ego* intérieur. Par conséquent, toutes les fois que surgit dans nos rêves l'idée de notre personnalité, la notion de notre *moi* personnel c'est l'indice d'un réveil partiel de notre conscience. Pendant un sommeil profond, la conscience est endormie, notre moi personnel s'abolit, et les images des rêves passent devant nous comme quelque chose d'inconnu et d'étranger, sans aucun rapport avec notre personnalité. Nous ne conservons presque aucun souve-

nir des rêves de ce genre, et si nous nous en
souvenons quelquefois; ce n'est qu'après coup,
pendant ce léger sommeil matinal, alors que notre
conscience, après s'être reposée, est déjà en partie
réveillée. Dans d'autre cas, ce souvenir des rêves
apparus pendant le plus profond sommeil nous
revient aussi au cours de la journée, pendant notre
état de veille.

Cette réminiscence de songes que nous avons
eus et dont nous n'avons pas été conscients s'effectue d'après la même loi psycho-physiologique,
suivant laquelle nous entendons quelquefois, après
coup, les sons de la parole humaine déjà disparus
dans le silence, ou de quelque mélodie musicale
qui a cessé de vibrer, ou d'une horloge qui ne
sonne plus depuis quelques secondes; en un mot,
nous nous rappelons nos rêves inconscients de la
même manière qu'il nous arrive d'ouïr après coup
des sons abolis déjà dans le néant du temps, et
qui, pendant leur brève existence, avaient passés
inaperçus de nous parce que notre conscience
était occupée de quelque autre chose.

Une perception ainsi postérieure de choses, de
phénomènes déjà disparus sans avoir été remarqués n'est possible que grâce à ce que chaque sensation laisse dans notre système névro-cérébral
une trace plus ou moins profonde et chaque
trace possède de son côté la faculté de revivre
même en l'absence de toutes impressions exté-

rieures, sous la seule influence de cette impulsion volontaire qui, pour ainsi dire, est donnée par notre conscience. Dans ces cas-là, notre conscience peut être comparée à un maître qui revient dans ses domaines après une absence temporaire; il examine attentivement tous les changements, toutes les additions, les transpositions qui se sont accomplies pendant son absence et il note tout ce qu'il trouve.

Chacun de nous les connaît plus ou moins, ces traces laissées dans nos appareils névro-cérébraux par les différentes sensations. C'est ainsi qu'après l'exécution d'un morceau, nous continuons d'entendre sa mélodie dans nos oreilles pendant un temps plus ou moins long, après que toute musique a déjà cessé. Quant aux traces visuelles, on a encore plus souvent l'occasion de les observer, parce que nos yeux sont, parmi nos organes des sens, les plus actifs. Il est reconnu, par exemple, que si nous regardons attentivement un paysage ou en général un objet quelconque, nous continuons de les voir encore quelque temps après avoir détourné la tête ou fermé les yeux. Quelquefois, nous voyons alors ce paysage ou cet objet non seulement avec la même forme, mais aussi avec les mêmes couleurs et nuances que dans la réalité (les traces de ce genre s'appellent les traces positives); d'autres fois, le paysage ou l'objet regardés nous apparaissent changés de manière que les couleurs réelles sont remplacées par d'autres, c'est-à-dire par les couleurs dites complémentaires. Dans ce cas, nous voyons foncées toutes les parties claires et claires toutes les parties foncées ; c'est ce qu'on nomme une trace négative. Chacun de nous a essayé dans son enfance de regarder le soleil, et il se rappelle assurément cette tache noire qui ensuite lui flottait bien longtemps devant les yeux : eh bien ! ce n'était qu'une trace négative.

On nous objectera peut-être que des traces pareilles demeurent sans conteste des sensations réelles, provoquées par des excitations, par des irritations extérieures, par des objets extérieurs ; mais les rêves eux-mêmes se forment des traces laissées par des sensations passées, et alors on se demande s'ils peuvent à leur tour déposer des traces dans notre système neuro-cérébral. — Que c'est réellement là le cas et que nos sensations subjectives nous laissent aussi des traces positives et négatives, cela est prouvé, d'un côté par les observations de Meyer sur les images visuelles subjectives et, d'un autre, par ces cas mêmes dans lesquels un homme qui rêve se réveille subitement et continue à voir, les yeux grands ouverts, la même figure qu'il avait vue en songe.

Le docteur Meyer, les yeux fermés, a volontairement évoqué, au milieu de son champ visuel obscur, l'image d'un étrier d'argent ; quand il a relevé ses paupières cette image continuait à se trouver devant ses yeux ; seulement elle n'était plus claire, mais au contraire tout à fait foncée. Cet exemple nous démontre que les représentations visuelles subjectives apparaissant chez nous pendant la veille sont capables de laisser après elles une trace tout à fait pareille à celles qui nous sont laissées par des objets réels que nous voyons.

Quant aux images des songes, nous pouvons citer ici les exemples suivants : le docteur Meyer rêva un jour qu'il marchait sur le bord d'un canal noir, quand tout d'un coup il fut assailli par un petit chien d'une couleur jaune clair. Ce chien aboyait et tâchait de le mordre ; et la frayeur réveilla le dormeur qui, en ouvrant les yeux, continua de voir la forme du chien toute pareille à l'image du songe, à cette seule exception près, que la couleur du chien, au lieu d'être claire, était à présent noire. Le professeur Burdach rêva que sa fille, morte récemment, était élevée au ciel et en s'éveillant il continua de voir, les yeux ouverts, la forme de sa fille s'élevant dans les airs. Gruïthuisen rêva qu'il voyait un éclair ; réveillé aussitôt, il continua de voir une ligne faiblement lumineuse, puis la place où elle se trouvait lui apparut plus foncée que toutes les parties environnantes de l'espace. Une autre fois, il rêva qu'il cherchait un livre sur les rayons d'une bibliothèque ; il se réveilla, et devant ses yeux ouverts les dos des volumes continuaient à courir de gauche à droite. Un cas analogue a été communiqué par le professeur Strümpell : une dame rêvait qu'un cercueil se trouvait dans sa chambre et qu'une masse des fleurs bleues sortaient de sa couverture : se réveillant à ce moment, elle voyait toujours le cercueil ainsi que les fleurs.

Il m'est arrivé personnellement de voir plusieurs fois l'image de mes rêves après mon réveil devant mes yeux grands ouverts et, dans ces circonstances, je suis parvenue à remarquer que la condition principale pour continuer de voir l'image du rêve après le réveil complet, consiste à ne pas changer, en se réveillant, la direction du regard. En un mot, nous continuons de voir au réveil l'image dont nous rêvions, dans les cas où nous nous réveillons au moment même d'un rêve distinct et intense, et où ce réveil se produit sans secousse et sans mouvement, de sorte que nos yeux ouverts conservent la même direction qu'ils avaient pendant le sommeil, alors qu'ils contemplaient en rêve telle ou telle figure dans tel ou tel point de l'espace qu'ils fixaient pendant leur songe et qu'ils fixent encore après le réveil. Par suite, les cas où l'on voit le mieux l'image du rêve après le réveil sont ceux où le dormeur est réveillé par l'influence

du songe lui-même et où, en se réveillant, il n'est
impressionné ni par un bruit étourdissant, ni par
une lumière éblouissante, de sorte qu'en ouvrant
les yeux il reste sans bouger dans la même position qu'il occupait pendant le rêve interrompu par
le réveil. Le moindre mouvement de la tête ou des
yeux dissipe subitement l'image du rêve.

En étudiant ces traces laissées par les rêves,
j'ai pu me convaincre pleinement que non seulement les couleurs des figures vues en songe se
modifient dans les traces suivant la loi du contraste; mais le même changement s'observe aussi
dans le caractère entier de la figure du rêve. Ainsi
par exemple, le visage qui nous regardait en songe
avec une expression de tristesse ou de reproche,
continue quelquefois à se montrer devant nos
yeux grands ouverts après le réveil; seulement, la
physionomie, triste tout à l'heure, est maintenant
joyeuse et souriante. Il est évident que ce changement représente aussi une *trace négative*, mais
elle est purement psychique, car dans ces cas l'expression donnée, l'émotion donnée sont remplacées, suivant la loi du contraste, par une émotion
opposée et pour ainsi dire complémentaire.

Ces rêves-là qui, pour ainsi dire, parviennent à
franchir la limite séparant le monde des songes
du monde réel de la veille, produisent ordinairement une impression très forte sur les hommes,
qui n'aiment pas à se trouver face à face avec les

créations indépendantes de leurs appareils névro-
cérébraux ; apparemment parce qu'ils ne connaissent pas encore la vie subjective de leurs nerfs, de
leurs cellules cérébrales, et qu'ainsi mis en présence des créations de cette vie subjective ils sont
tout à la fois étonnés et effrayés.

Moi-même, je n'oublierai jamais l'impression
profonde produite sur moi par le cas suivant :
étant gravement malade, je rêvai un jour de la
Sainte Image du Christ avec la couronne d'épines.
La face de Jésus était admirablement reproduite,
et elle étonnait par l'expression d'une tristesse
douce et profonde. Tout à coup cette expression
commença de faire place à une autre et je fus,
dans mon songe, tellement surprise qu'une image
peinte pût ainsi changer de physionomie, que je
me réveillai ; en ouvrant mes yeux, je continuai
de voir le Visage divin du Sauveur devant moi, et
sur ce Visage la tristesse se résolvait de plus en
plus en un sourire joyeux et doux, dont le suave
rayonnement finit par effacer complètement tout
vestige de la mélancolie primitive !... Dans ce cas,
le réveil s'était produit dans la matinée, alors qu'il
faisait tout à fait clair...

Un autre songe qui m'a aussi vivement impressionnée m'est arrivé au mois de septembre 1894.
Je rêvais qu'on sonnait, que la femme de chambre
ouvrait la porte d'entrée, et que quelqu'un péné-
trait bruyamment dans mon antichambre ; puis la

porte de mon cabinet s'ouvrait, livrant passage au drapeau impérial russe qu'on apportait vers moi, assise dans un fauteuil. On le tenait incliné vers moi, et je voyais distinctement les deux grandes houppes dorées, qui pendaient verticalement du haut de la hampe, tandis que le drapeau flottait déployé, de sorte qu'on voyait très bien l'aigle impériale à deux têtes sur l'étoffe aux trois couleurs nationales : blanc, jaune et noir. L'apparition du drapeau national dans ma maison me jeta dans une surprise si grande que j'en fus aussitôt réveillée : et en ouvrant mes yeux, je vis devant moi le drapeau impérial déployé, avec ses trois couleurs et son aigle et les deux grandes houppes dorées qui pendaient verticalement, tandis que la hampe était légèrement penchée vers moi. Dans ce cas, la trace était positive et l'image avait disparu sans avoir présenté des changements de couleurs. Le réveil était survenu pendant la nuit, et dans ma chambre à coucher régnait une obscurité complète, mais néanmoins je voyais distinctement toutes les parties du drapeau.

Les faits qui précèdent suffisent, je crois, pour démontrer que les images des rêves laissent des traces plus ou moins profondes dans notre système névro-cérébral et que notre conscience à son réveil peut, d'après ces traces, reconstituer les rêves que nous avons eus. Le travail de la conscience est considérablement facilité sous ce rapport par la loi des associations, en vertu de laquelle toutes les sensations et toutes les représentations qui se sont groupées ensemble dans le temps ou dans l'espace conservent toujours une tendance à se reproduire réciproquement à chaque réapparition de l'une d'elles. Ainsi, la réminiscence ou plutôt la conscience postérieure des rêves est possible seulement grâce à ce que l'activité subjective des appareils névro-cérébraux laisse à son tour certaines traces, lesquelles peuvent revivre suivant la loi d'association des sensations et des idées et sous l'influence de l'attention qui se concentre sur elles. De plus, nous avons vu que la notion du *moi* est plus ou moins affaiblie pendant le sommeil, et que cet affaiblissement peut aller jusqu'à l'anéantissement complet.

Une des particularités de la vie psychique pendant le sommeil, c'est que l'attention cesse alors d'être volontaire pour redevenir purement réflexe, c'est-à-dire qu'elle s'arrête sur telle représentation ou sensation qui se montre plus forte que les autres. Sous ce rapport, l'homme qui dort ressemble aux petits enfants, aux sauvages et aux idiots, dont l'attention apparaît aussi purement réflexe et presque inaccessible aux impulsions de la volonté. Tout ce que nous voyons en songe se présente à nous dans le temps et dans l'espace, de sorte que ces deux lois fondamentales et innées de la pensée humaine se montrent en pleine activité aussi pendant le sommeil, c'est-à-dire pendant le repos de la conscience. Mais la troisième loi fondamentale de notre vie psychique, c'est-à-dire celle qui oblige naturellement l'homme à chercher une cause suffisante à chaque acte, à chaque phénomène, est pendant le sommeil presque complètement absente de la vie psychique, puisque si, pendant les rêves, nous observons pour la plupart une certaine succession dans le temps et dans l'espace, nous n'y constatons presque jamais des rapports de cause à effet.

On se demande alors pourquoi la loi de cause suffisante n'agit presque jamais pendant le sommeil. — La réponse est facile : cette loi de cause suffisante est, d'après la juste remarque de Helmholtz, une loi purement logique de notre pensée et, par conséquent, elle est impossible sans une conscience active.

Dans les chapitres précédents, nous avons plusieurs fois noté que chaque faculté de notre âme se développe graduellement et qu'elle se renforce sous l'influence de l'exercice et du travail. En même temps, nous avons constaté qu'une foule de peuples passent souvent leur vie dans une sorte de demi-sommeil continuel, ce qui est dû précisément à la faiblesse de leur conscience. Par suite, lorsque la conscience de l'humanité se trouve à un degré plus ou moins bas du développement, il est tout naturel que la loi de cause suffisante doive être aussi peu développée, s'il est vrai, comme nous l'avons supposé, que cette loi, comme la loi de causalité en général, soit intimement liée à une conscience forte et active.

Que voyons-nous dans la réalité? Même dans les couches les plus civilisées de la société, nous constatons bien souvent que les hommes englobent dans un rapport de cause à effet les phénomènes les plus hétérogènes, dès lors qu'ils se succèdent. Et cette faute de logique se rencontre non seulement dans la vie ordinaire, mais jusque dans les travaux et les investigations scientifiques. *Post hoc, ergo propter hoc!* Que d'erreurs et, partant, que de souffrances inutiles a infligées à l'humanité cette fausse application de la loi de causalité en général et de cause suffisante en particulier! Ainsi, par exemple, jusque dans nos jours s'est maintenue et propagée l'idée que, si un enfant tombe malade après qu'on l'a regardé et loué, sa maladie doit être attribuée au « mauvais œil »; si après cela on jette sur l'enfant malade des gouttes d'une eau dans laquelle on a mis un morceau de charbon, et qu'il guérisse, la guérison elle-même doit s'expliquer par l'action salutaire de cette eau contenant un charbon : grâce à cette conclusion trop précipitée et erronée, on se permet d'employer le même remède dans d'autres cas de maladie, et on fait beaucoup de mal sans le savoir.

C'est cette fausse interprétation de la loi de causalité qui, dans la société contemporaine, rend possibles, malgré tous les progrès de la science, les soi-disant homéopathes, dont toutes les doctrines ont pour base unique ce *credo* naïf, que tout ce qui suit doit être considéré comme le résultat de ce qui précède. C'est ainsi que toute guérison survenue après que le malade a avalé quelques-uns de leurs globules infinitésimaux, est expliquée par la vertu propre de ces globules absurdes, tandis qu'aux forces naturelles et salutaires de l'organisme lui-même on ne prête aucune attention.

Cependant, même sous ce rapport, on remarque déjà quelques indices de progrès. La règle homéopathique « *similia similibus curantur* » n'a rien de nouveau, n'est pas une découverte des homéopathes. Au bon vieux temps, les médecines étaient en général ordonnées suivant leur plus ou moins de ressemblance avec la maladie; mais, cette ressemblance, on la cherchait alors exclusivement dans les qualités extérieures, et non pas dans l'action de la médecine. Ainsi, par exemple, les cœurs de carottes étaient ordonnés contre l'ictère, parce que cette médecine avait la même couleur jaune que présentaient les personnes souffrant de l'ictère. Contre les maladies du cœur, on prescrivait le fruit du *limocarpus anacardium*, à cause de sa ressemblance extérieure avec le cœur humain ; contre les maladies des reins, des graines dont la forme rappelait celle des reins, et ainsi de suite (Fraser).

Aujourd'hui, tout cela nous paraît bizarre et enfantin, et les partisans de la doctrine « *similia similibus curantur* » cherchent cette similitude, non pas dans les qualités extérieures des agents médicinaux, mais dans leur manière d'agir. C'est toujours, certes, un progrès sur le temps jadis !

Une question se pose : d'où les hommes avaient-ils tiré la conviction que le médicament doit offrir quelque ressemblance avec la maladie pour pouvoir la guérir ? Cette erreur leur a été, ce me semble, inspirée par la même tendance qui les force d'associer pendant le sommeil et en général pendant les divers états où leur conscience se trouve affaiblie, tout ce qui présente quelque rapport commun, par exemple les mots d'après leurs rimes, les images d'après quelque ressemblance purement accidentelle et extérieure. Cette même tendance s'observe aussi chez les esprits incultes et surtout chez les sujets souffrant d'une maladie mentale. Ainsi, que de superstitions populaires reposent précisément sur quelque similitude accidentelle ! Par exemple, beaucoup de gens croient fermement que, si on allume trois bougies sur une table, c'est un présage qu'il va y avoir un mort dans la maison. D'où est venue cette curieuse superstition? Pour se l'expliquer, il faut se rappeler que l'usage ordonne en Russie de mettre trois bougies autour d'un mort : deux aux deux côtés de la tête et une aux pieds. Ces trois bougies obligatoires auprès du cadavre ont donné naissance à la superstition que nous avons mentionnée; et ainsi de suite dans tous les cas.

Dans les rêves et les hallucinations, les hommes font bien souvent des rapprochements encore plus inattendus : une ressemblance quelconque dans la couleur ou dans la forme suffit pour amener l'association d'images tout à fait hétérogènes.

⁎⁎

Ainsi nous avons vu que dans les rêves tout s'accomplit dans le temps et dans l'espace, tandis que la loi de la cause suffisante est presque complètement absente; et de notre point de vue, d'après lequel le sommeil doit être considéré comme le temps du repos de la conscience, c'est là un fait tout naturel, puisque la loi de cause suffisante est absolument impossible sans conscience.

L'absence de la loi de cause suffisante dans le monde psychique de nos songes explique de plus ce fait bien connu, que nous ne nous étonnons presque de rien pendant nos rêves (Winter); et

17.

c'est tout simple, puisque là où manque la pensée
consciente et logique, l'étonnement est impossible,
car il n'apparaît que lorsqu'un phénomène quelconque se montre en contradiction directe avec
toutes les lois de la pensée logique et surtout avec
la loi de cause suffisante. Par la même raison,
les enfants et les hommes d'esprit inculte et
peu développé se distinguent par une crédulité
extrême : ils croient à chaque absurdité, puisque
la faiblesse de leur conscience ne leur permet pas
de constater si tel ou tel phénomène, tel ou tel
fait supposé se trouve en pleine contradiction
avec la loi de cause suffisante et en général avec
toutes les exigences de la pensée logique. Une
ressemblance accidentelle leur suffit pour associer les choses les plus incompatibles; la simple
succession des phénomènes les plus hétérogènes
les induit à admettre entre eux un rapport de
cause à effet.

A ce point de vue il existe une analogie complète
entre le travail de la pensée chez les petits enfants
et les hommes d'un esprit inculte pendant la
veille et ce jeu des pensées qui s'accomplit dans
les rêves d'un homme d'intelligence moyenne.
Dans l'un et l'autre cas, on observe une faiblesse
plus ou moins prononcée de la conscience et, par
conséquent, aussi une faiblesse correspondante
de la pensée logique, basée sur la loi de cause
suffisante. En général, la différence entre la veille

et le sommeil s'affaiblit et disparaît dans tous les cas où la conscience de l'homme à l'état de veille se caractérise par la faiblesse de son développement. Par suite, il nous arrive bien souvent de remarquer que les enfants, les vieillards et aussi les adultes considérablement affaiblis par une maladie, ne savent pas bien distinguer les songes de la vie réelle et prennent les événements de leurs rêves pour la pure réalité. La même chose a été observée sur Gaspard Hauser, qui, comme il a été dit plus haut, à 17-18 ans présentait encore le même degré de développement psychique que nous voyons d'ordinaire seulement chez les tout jeunes enfants. De Gaspard Hauser on a dit que, pendant la première année de sa vie parmi les hommes, il ne pouvait parvenir à distinguer les songes des événements de la vie réelle et qu'il prenait toujours ses rêves pour des faits réels.

Enfin, avant d'en finir avec les questions soulevées, nous devons encore mentionner ces rêves dans lesquels le rôle principal est joué, non par les images, mais par les mots, la parole humaine. C'est le Dr Philip qui a remarqué avec raison que dans nos songes les paroles que nous prononçons ne sont jamais aussi absurdes que les images qui nous apparaissent. Ce fait-là est tout naturel pour qui sait que la parole humaine sert principalement d'instrument à la pensée logique.

Il n'est pas rare que nous rêvions aussi des conversations, des discussions avec d'autres personnes, et alors nos adversaires nous corrigent bien souvent des fautes que nous avons commises, et en général ils nous objectent des arguments beaucoup plus démonstratifs, beaucoup plus forts que ceux que nous avançons nous-mêmes dans nos rêves. Cependant nous n'avons pas alors conscience que c'est toujours nous-mêmes qui émettons les *pro* et les *contra* de la discussion. Quelques auteurs ont cru trouver dans les rêves de ce genre une preuve directe de la dualité de notre cerveau : théorie qui a été mise en avant par Wigan, et qui a ensuite trouvé de chaleureux défenseurs dans la personne de plusieurs savants éminents, dont nous ne nommerons ici que Fechner, Brown-Séquard, Samuel Wilks, Verity, etc. Moi-même j'ai été assez heureuse pour découvrir des preuves expérimentales démontrant l'existence de cette dualité dans notre cerveau, et j'en ai fait la communication au Congrès international médical de Rome en 1894.

Les songes de ce genre confinent plus ou moins à ces actes pathologiques de conscience double dont nous avons déjà parlé dans le chapitre consacré à la pathologie du sommeil.

*
* *

Ainsi, après tout ce qui vient d'être dit sur l'étude et l'analyse de nos rêves, nous nous voyons forcément arrivés à la même conclusion déjà formulée dans les autres parties de ce livre, c'est-à-dire que le sommeil est le temps du repos de notre conscience. Notre conscience sommeille, notre conscience dort, et c'est pourquoi l'humanité oublie toutes ses douleurs, toutes ses tristesses et même toutes ses offenses pendant le sommeil. Ce n'est pas encore tout. Les soucis et les chagrins s'oublient pendant le sommeil, non seulement parce que la conscience demeure alors inactive, mais aussi parce que la vie psychique, comme nous l'avons déjà mentionné plus haut, ne répète jamais ce qui nous a le plus occupé pendant la veille, ne répète jamais ce qui a le plus fixé notre attention pendant la vie réelle. C'est ainsi que, pendant le réveil partiel de notre conscience, quand nous avons des songes, nous ne voyons jamais ce qui nous a irrités, excités pendant la veille, nous ne voyons jamais ce qui formait alors l'objet de nos soucis, de nos chagrins, ce qui nous plongeait dans le désespoir et la tristesse. Et de même nous ne voyons jamais en rêve ce qui nous causait une joie vive, ce qui nous procurait du plaisir, de l'allégresse, toutes les émotions agréables. Cela provient, évidemment, de cette loi bien simple qui veut que les appareils et les tissus qui ont travaillé le plus énergiquement pendant la veille s'enfoncent dans le repos le plus complet et le plus profond pendant le sommeil. C'est ainsi que les représentations, les pensées et les sentiments qui s'associent dans la conscience de l'homme avec son chagrin, son malheur, et sur lesquels il fixe toute son attention pendant la vie de veille, sont plongés pendant le sommeil dans le repos le plus complet et sont alors comme s'ils n'existaient pas.

Après toutes ces explications, nous comprendrons aisément que quand il nous arrive, dans le cours de notre vie terrestre, de subir quelque malheur accablant et douloureux, nous l'oublions chaque fois que nous nous endormons, et même en nous réveillant nous ne nous le rappelons pas tout de suite : tout d'abord nous sentons seulement qu'il y a quelque chose de désagréable, de pénible, de lourd qui pèse sur nous; mais en quoi cela consiste, on ne s'en rend pas compte au sortir du sommeil. Il faut un certain temps, il faut un certain effort à l'homme réveillé pour se rappeler son malheur, qui de son poids énorme s'est abattu sur sa vie, tuant toutes ses joies, tous ses plaisirs; il faut un certain temps, il faut un certain effort à l'homme réveillé pour reprendre pleine conscience de ce chagrin, de cette douleur terrassante, qui lui empoisonne l'existence et qu'il n'oublie que pendant les heures du sommeil.

Il est évident que l'antagonisme existant entre la vie psychique du sommeil et la vie psychique de la veille préserve l'organisme humain de nombreuses maladies, en éloignant dans une mesure considérable la possibilité même du surmenage des différents appareils et des différentes parties du cerveau.

Après tout ce qui vient d'être dit, il est aisé de saisir la raison de ce fait bien connu, que les personnes qui souffrent de l'insomnie par suite d'un chagrin cuisant ou d'une inquiétude profonde tombent bien vite dans quelque maladie nerveuse ou cérébrale. Par conséquent, chaque fois que le sommeil normal fait défaut chez un homme accablé de quelque chagrin, il faut par prudence lui procurer quelques heures de sommeil, même au prix de plusieurs doses d'un narcotique.

Cette analyse du caractère de notre sommeil et de nos songes nous permet de comprendre que Kant avait complètement raison de dire que, sans sommeil et sans espoir, l'homme se trouverait la plus malheureuse créature de la terre. Le sommeil est justement ce Léthé dont les anciens Grecs admettaient l'existence, mais seulement au delà du tombeau. Cependant si nous avons quelque part besoin de l'oubli, c'est certainement sur la terre et non pas ailleurs.

Plus haut, nous avons déjà noté que l'homme, subitement tiré d'un sommeil profond, voit quelquefois devant soi les images qui faisaient partie de ses rêves. D'un autre côté, il est aussi reconnu que les images subjectives, qui flottent devant nos yeux au moment de nous endormir, se montrent souvent dans les rêves qui suivent (Maury). Enfin nous sommes arrivés à la conclusion que les rêves et les hallucinations ont au fond la même origine, c'est-à-dire la vie subjective des appareils névro-cérébraux.

Cela connu, on ne peut plus s'étonner que les images des rêves et les rêves eux-mêmes puissent se transformer en hallucinations, et qu'entre les rêves et la folie il existe une certaine relation, comme cela a été déjà démontré par plusieurs auteurs (Liébault, Esquirol, Winslow, Moureau, Baillarger, etc.). En général, dans des cas pareils, on voit toujours se répéter la même chose, c'est-à-dire qu'un rêve quelconque se reproduit plus ou moins souvent; puis les représentations, les images de ce songe parviennent à prendre un empire extrême et despotique sur l'attention de l'homme, laquelle devient complètement asservie par ces images, par ces représentations ou idées engendrées pendant le rêve.

Comme exemple, nous pouvons citer ici le cas suivant. Un jeune homme de vingt-deux ans se promenait en équipage avec sa femme, quand par malechance un enfant tomba sous les roues de leur voiture. En voyant la tête écrasée de l'enfant, le mari fut saisi d'effroi ; la même nuit, en dormant, il se dressa sur son séant, et se mit à crier :

— Sauvez, oh! sauvez l'enfant!

Et dès lors, chaque nuit, la même chose se reproduisait : quelquefois même le délire se répétait deux ou trois fois pendant la nuit. Les cris qu'il poussait étaient perçants jusqu'à épouvanter ses enfants. Il était toujours très difficile de l'éveiller, et quand on y parvenait, on constatait qu'il ne se souvenait plus de rien. Cependant il disait à sa femme qu'il était torturé par des rêves effrayants, et que l'image de l'enfant écrasé ne lui sortait pas de la tête. Cet état des choses se prolongea pendant deux ans, après quoi le mari commença à présenter des accès d'épilepsie pour tomber rapidement dans une démence complète.

Dans un autre cas, des rêves pénibles commencèrent à tourmenter un jeune homme. Pendant ces rêves, il lui semblait qu'on l'étranglait, et il croyait que c'étaient ses camarades qui lui jouaient des tours. Pour lui prouver que ses soupçons n'avaient aucun fondement, ses camarades lui proposèrent de se coucher seul dans une chambre : ayant accepté leur proposition, il prit encore la précaution de fermer sa porte à clef; mais, malgré tout, ses rêves pénibles se continuaient, et alors il en vint à conclure que c'était le diable lui-même qui le persécutait ainsi, le diable, c'est-à-dire celui que la pauvre humanité accuse toujours comme l'auteur non seulement de toutes ses misères, mais aussi de toutes ses erreurs. Ce jeune homme finit par devenir fou. Et on pourrait citer une foule de faits pareils. Diderot avait déjà attiré notre attention sur cette liaison intime entre les rêves et les hallucinations de la folie. C'est de cette façon que les rêves peuvent même devenir le point de départ du développement de la folie. Dans ces conditions on observe presque toujours une répétition fréquente des rêves de ce genre, et laissant chaque fois des traces de plus en plus profondes, les images et les idées de ces rêves finissent par subjuguer complètement la conscience de l'homme. En outre, les personnes ainsi obsédées par les songes se distinguent ordinairement par un réveil difficile et par une forte tendance à l'état intermédiaire entre le sommeil et la veille. Il s'ensuit qu'elles doivent posséder dès le début une conscience bien faible et peu active; or, une conscience pareille a besoin de certaines impressions venant du monde extérieur pour pouvoir, par voie de comparaison directe, les distinguer des images créées par la vie subjective des appareils névro-cérébraux de l'organisme lui-même. Faute de ces impressions objectives, les sujets dont la conscience est faible et inactive sont enclins à prendre les créations de leur propre système nerveux pour des impressions et des sensations provoquées en eux par des objets réels et extérieurs.

Les observations cliniques démontrent la justesse de notre remarque. Ainsi, par exemple, le docteur Crichton a constaté que les malades ayant la fièvre, c'est-à-dire dont la conscience est affaiblie par la maladie, commencent ordinairement à délirer chaque fois qu'ils ferment les yeux ou que leur chambre est obscurcie ; au contraire, le délire cesse chaque fois que la pièce s'éclaire et que le sujet rouvre les yeux.

Le docteur Maury a observé une servante qui est obligée de dormir toujours avec une bougie allumée, car elle a remarqué que la lumière chasse ces figures odieuses et grimaçantes qui la persécutent régulièrement dans l'obscurité. D'un autre côté, le docteur Brach lui-même était extrêmement sujet aux hallucinations hypnagogiques du sens général et du toucher : au moment de s'endormir, son corps lui semblait très lourd et très grand, et capable de s'allonger indéfiniment, jusqu'aux étoiles les plus éloignées ; puis il lui paraissait tout petit et tout prêt à se recroqueviller sur un seul point. Dans tous les cas, il suffisait d'allumer une bougie pour dissiper toutes ses sensations fausses ; par conséquent nous avons le droit de conclure que la lumière a le pouvoir d'éloigner non seulement les hallucinations visuelles, mais aussi les hallucinations des autres sens.

Cette influence salutaire des impressions reçues du monde ambiant se constate même chez les sujets atteints de folie ; ainsi, Baillarger a remarqué que les hallucinations dont les pauvres malades souffrent continuellement s'affaiblissent et disparaissent sous l'influence de tout ce qui interrompt la monotonie de leur vie. De cette manière agissent même les visites journalières des médecins, et pendant leur tournée à travers les salles de l'hôpital, les malades se montrent délivrés de leurs hallucinations.

Le cas suivant décrit par M. Trélat est encore plus topique : 200 fous devaient être transportés de la Salpêtrière et de Bicêtre dans d'autres hôpitaux. A cette occasion, on avait pourvu tous les malades de vêtements neufs, ce qui, avec les préparatifs du départ, intéressait à un tel degré les malades qu'ils en oubliaient pour un temps leurs hallucinations et leurs idées pathologiques. Cette influence salutaire des sensations et des impressions nouvelles était si forte, que même les accès de manie, qui depuis 10 à 15 ans se répétaient toujours à des dates régulières, ne se manifestèrent pas alors, quoique le déménagement tombât justement sur les jours où ces accès devaient se trouver en plein développement.

D'un autre côté, on a observé chez des sujets complètement normaux un délire plus ou moins fort quand on les plaçait dans une pièce obscure, en leur couvrant encore les yeux d'un bandage ou d'un mouchoir à cause de la maladie d'yeux dont ils souffraient. Le professeur Schmidt-Rischpler remarque qu'un délire pareil s'observait quand la température du corps demeurait tout à fait normale ; mais il nous dit aussi qu'il se développait exclusivement chez des gens appartenant à des couches inférieures de la société, ou chez des vieillards de 60 à 80 ans, en un mot seulement chez des sujets dont la conscience était débile ou affaiblie par l'âge. Ce délire s'explique par l'éloignement subit des irritations lumineuses habituelles des yeux, irritations qui portaient au cerveau toute une série de sensations propres à maintenir la conscience en activité et à l'empêcher de s'endormir.

Ce délire était toujours violent et les malades oubliaient ordinairement où ils étaient et ce qui se passait autour d'eux. Dès qu'on leur ôtait le bandage qui recouvrait leurs yeux et qu'on les conduisait dans une chambre éclairée, leur délire s'évanouissait pour ne plus reparaître. En considérant les cas de ce genre, il ne faut jamais perdre de vue que l'impressionnabilité des appareils névro-cérébraux s'accroît parallèlement à la durée du repos. Ainsi, dans le cas du professeur Harley, l'impressionnabilité de l'organe visuel avait augmenté, après un repos de 72 heures, à un tel degré que les traces laissées par les papiers peints des murs, qu'il avait fixement regardés avant, duraient pendant 25 minutes, tandis qu'ordinairement elles ne durent pas plus de 1/50 à 1/30 de seconde.

De plus, comme la vie subjective des appareils

névro-cérébraux se trouve aussi liée dans une certaine mesure avec la circulation, nous voyons que l'apparition et la disparition des hallucinations, des images hypnagogiques et en général du délire, dépendent aussi jusqu'à un certain point de la position du sujet. Ainsi le célèbre docteur Pinel a décrit une malade, chez laquelle les hallucinations auditives apparaissaient dès qu'elle se couchait et disparaissaient dès qu'elle s'était assise. D'un autre côté, le professeur Schröder van der Kolk a démontré que dans certains cas nous pouvons à volonté provoquer le délire chez les malades, car pour obtenir ce résultat il suffit de leur incliner la tête plus ou moins bas.

Après tout ce qui vient d'être dit, nous arrivons nécessairement à la conclusion que toutes les images hypnagogiques, les hallucinations, les phénomènes du délire, — en un mot, toutes les manifestations de la vie subjective des appareils neuro-cérébraux dépendent de l'état dans lequel se trouvent certains tissus de notre organisme.

*
* *

Cela posé, il est aisé de comprendre que si un certain groupe d'hommes est placé dans des conditions uniformes et déterminées, les rêves se montreront chez eux uniformes et identiques. La littérature spéciale a déjà décrit ces rêves communs et simultanés chez plusieurs personnes.

Ainsi le docteur Nudow raconte que, pendant une tempête qui s'éleva dans une nuit d'automne, tous les voyageurs qui couchaient dans un hôtel de Dantzig eurent le même songe ; tous rêvèrent qu'à la porte de leur hôtel arrivait à grand fracas une voiture amenant des voyageurs ; le lendemain chacun d'eux interrogeait à tour de rôle la servante sur cette visite nocturne, chacun d'eux voulait savoir qui était arrivé pendant la nuit de la tempête, et chacun fut bien surpris d'apprendre que personne n'était venu, qu'on n'avait vu aucune voiture.

L'observation suivante est encore plus intéressante : une compagnie de 800 soldats fut obligée de passer la nuit dans une abbaye abandonnée, hantée, disait-on, par un spectre prenant la forme d'un chien noir. Les soldats se couchèrent en parlant de cette légende, et voilà que vers minuit toute la compagnie de 800 soldats s'éveilla en sursaut, chacun rêvant que le diable, sous la forme d'un chien noir, lui courait sur la poitrine et l'étouffait ; et toute la compagnie se mit à fuir l'abbaye, dans une frayeur vraiment panique. La nuit suivante, il fut décidé que les officiers veilleraient pour apaiser l'excitation des soldats. Toute la compagnie s'endormit tranquillement en se fiant à la vigilance de ses officiers ; mais à minuit elle fut tout entière éveillée en sursaut par le même cauchemar que la nuit précédente. Les officiers en faction, naturellement, n'avaient rien vu, ni diable, ni chien. Néanmoins on fut forcé de changer de place et de faire dormir la compagnie dans un autre endroit. On expliqua ce cas par la supposition que, dans l'abbaye abandonnée, l'air pouvait être vicié par quelque gaz irrespirable, et qu'en même temps l'imagination des soldats, impressionnée par la légende du spectre, attribuait l'asphyxie à l'intervention d'une puissance surnaturelle.

Pour une juste appréciation des rêves, il ne faut pas oublier non plus que leurs créations subissent aussi l'influence de l'association habituelle des sensations, des représentations, des sentiments et des notions ainsi que des idées. M. Sergejeff cite les observations d'un auteur inconnu sur la dépendance des rêves à l'égard de certaines associations entre une sensation définie et toute une série de représentations et de pensées. Ces observations consistaient en ce que le sujet, dans des conditions déterminées d'existence, employait toujours le même parfum : puis, changeant son milieu et son *modus vivendi*, il se servait pendant de longs mois d'un autre parfum, et laissait tout ce temps le premier hermétiquement clos. Si, pendant cette période, il ne lui arrivait jamais de voir en songe le lieu et les occupations quittés, il prenait alors le flacon du parfum mis de côté et, le donnant à son domestique, il lui disait de mouiller de ce parfum le coin de son oreiller, un matin des semaines suivantes, quand il réussirait à pénétrer sans le réveiller dans sa chambre à coucher et qu'il aurait toutes les preuves possibles que son maître dormirait d'un sommeil profond. A chaque expérience, l'odeur d'un certain parfum évoqua dans l'esprit du dormeur les souvenirs du lieu et des conditions d'existence dans lesquels il avait justement employé ce parfum quelques mois auparavant.

Ces observations d'un auteur inconnu ont une grande valeur, en ce qu'elles démontrent la possibilité de provoquer à volonté l'apparition dans les rêves de certaines images ; mais la littérature médicale relate, çà et là, bien des observations analogues, à cette seule différence près, que la dépendance des rêves à l'égard d'associations déterminées était établie accidentellement.

Ainsi, il est reconnu qu'une chaufferette appliquée à la plante des pieds peut provoquer des rêves dans lesquels on se voit gravissant le Vésuve sur une couche encore chaude de lave. D'un autre côté, on a noté le fait suivant : un homme, passant quelque temps en Égypte, y a subi une inflammation grave des yeux ; dix ans après, alors qu'il vit depuis longtemps déjà dans une autre contrée, il commence tout d'un coup à rêver presque journellement de différents lieux d'Égypte, différentes scènes de sa vie passée dans ce pays, et il ne sait absolument comment s'expliquer cette étrange fréquence de rêves égyptiens. Pendant quelque temps, ces rêves se continuent avec une persistance vraiment remarquable, et voilà qu'une grave inflammation des yeux se déclare chez cet homme, donnant ainsi l'explication de ses rêves. Évidemment il devait exister depuis quelque temps chez lui des symptômes précurseurs de l'inflammation qui se préparait déjà, et les sensations douloureuses qu'il éprouvait dans les yeux éveillaient par voie d'association dans ses rêves les images de sa vie passée en Égypte où il avait eu sa première inflammation.

Dans d'autres cas, l'association n'est pas aussi évidente. Ainsi beaucoup de personnes voient en songe des poissons chaque fois qu'elles sont menacées d'une maladie intestinale et gastrique. Feu le professeur Serge Botkine m'a raconté qu'il avait observé sur soi-même une pareille coïncidence, et moi-même j'ai eu plusieurs fois l'occasion de la constater sur une jeune fille qui m'est bien chère.

Quelques auteurs qui ont écrit sur les rêves essayent d'expliquer cette coïncidence de certains songes avec certaines maladies par l'hypothèse que les sensations douloureuses précédant la déclaration nette d'une maladie peuvent parvenir jusqu'à la conscience, quand cette dernière se trouve complètement libre, et encore que la forme allongée de l'estomac et surtout des intestins éveille dans l'esprit du dormeur l'image d'un poisson.

On peut supposer tout ce qu'on veut, mais quant à prouver la vérité de ce qu'on suppose, c'est une autre question ! En tout cas, il n'y a pas à douter que bien des rêves sont occasionnés par les impressions variées qui tombent du dehors sur l'homme endormi et qui éveillent, suivant la loi d'association, dans l'esprit du dormeur, tel ou tel groupe de représentations, d'émotions et de pensées.

*
* *

Après avoir analysé les cas dans lesquels les rêves et les différentes images hypnagogiques ou subjectives se transforment en hallucinations et finissent par détruire la santé ou, en d'autres termes, par provoquer une maladie psychique, nous devons à présent nous arrêter quelque temps sur les cas opposés, c'est-à-dire sur l'absence de rêves et tâcher de nous en expliquer la signification. Avant tout on doit se demander si une absence complète de rêves est possible. La solution de cette question se présente entourée de difficultés considérables, et les opinions des auteurs diffèrent sous ce rapport jusqu'à se montrer diamétralement opposées les unes aux autres ; les uns avançant que le sommeil est impossible sans rêves, les autres, au contraire, regardant tout rêve comme un symptôme pathologique dans la vie du sommeil.

Nous avons déjà plusieurs fois noté que le sommeil est le temps du repos de la conscience à son plus haut degré, c'est-à-dire de la conscience du moi intérieur. Par là devient possible le fait mentionné par nous que, pendant le sommeil, l'homme souvent pense, juge, sent et conclut comme il pensait, jugeait, sentait et concluait aux degrés précédents de son développement propre et de celui de son espèce. Tout ce qui a été acquis par nos aïeux plus ou moins éloignés, tout ce qui a été vécu par eux, ce qui a été senti et souffert par eux pendant la marche séculaire du temps, c'est-à-dire tout ce qu'ils ont condensé en images, en facultés, en mouvements déterminés, nous l'avons hérité sous forme de capacités latentes, sous forme de possibilités inhérentes à notre système névro-cérébral. Et voilà que, pendant le sommeil, quand notre conscience personnelle est inactive, tous ces acquêts psychiques, hérités de nos aïeux les plus éloignés, ressuscitent en nous et remplissent d'images bizarres, de pensées, de désirs imprévus et étranges notre monde psychique. Chaque homme a pendant sa vie l'occasion de rêver tels actes, tels désirs et pensées qui sont en contradiction directe avec son caractère, avec toutes ses convictions, tous ses goûts; en un mot chaque homme a pendant sa vie l'occasion de rêver qu'il accomplit des actes dont la seule pensée lui fait horreur pendant la veille, de sorte que la seule mémoire du rêve qu'il vient d'avoir le remplit d'un véritable dégoût.

Ainsi, par exemple, les hommes les meilleurs et les plus probes exécutent quelquefois en songe les choses les plus malhonnêtes et même les plus cruelles. Comment s'expliquer des rêves pareils ?

Il est hors de doute que les rêves de cette sorte ne peuvent être expliqués autrement que par le sommeil de la conscience personnelle. Dès lors que la conscience personnelle de l'homme est endormie profondément et par conséquent inactive, dans son monde psychique doivent nécessairement revivre pendant le sommeil tout ce que lui ont transmis ses aïeux plus ou moins lointains, tout ce qui demeurait à l'état latent pendant la vie consciente personnelle de son âme.

Il est aisé de comprendre que le domaine de ces rêves rétrospectifs ou ataviques se montre d'autant plus étendu que le développement personnel est parvenu à un degré plus ou moins élevé.

Il va de soi que plus un rêve revêt un caractère d'atavisme, plus il apparaît paradoxal et étranger à la conscience éveillée, et plus la réminiscence doit en être difficile. Cette difficulté est encore accrue par le fait que la conscience personnelle de l'homme se trouve pendant le sommeil dans un repos plus ou moins profond, et avec elle l'attention et la mémoire. Il est vrai qu'au réveil la conscience peut sans trop de peine reconstruire la contexture des rêves d'après les traces qu'ils ont laissées ; mais ce n'est possible que pour les rêves qui ne sont pas en contradiction directe avec la conscience personnelle de l'homme, c'est-à-dire pour les rêves créés par les représentations, les sentiments et les pensées de son monde psychique personnel. Au contraire, notre conscience ne peut qu'avec une grande difficulté reconstruire, d'après les traces laissées, toute la trame d'un rêve constitué par des éléments étrangers à notre conscience personnelle et hérités de nos aïeux plus ou moins éloignés, c'est-à-dire par des éléments qui subsistaient pendant notre vie éveillée à l'état pour ainsi dire latent. Dans ces cas, la réminiscence des rêves est impossible, puisque les traces par eux laissées sont à ce point paradoxales, à ce point contradictoires avec la conscience personnelle, que celle-ci ne s'y reconnaît plus, et ne sait comment associer, comment grouper ces traces qui jettent comme une dissonance barbare dans le monde psychique de la conscience personnelle à l'état de veille. Par suite, tous les rêves rétrospectifs, ataviques, ne se conservent dans la mémoire que lorsqu'ils apparaissent vers le matin, c'est-à-dire pendant cette période du sommeil où la conscience reposée commence déjà à se réveiller partiellement ; et alors l'étrangeté des images rêvées contribue elle-même à réveiller encore plus la conscience. Chacun de nous a pu faire des songes pareils, et bien souvent alors il nous est arrivé de rassurer notre conscience personnelle qui se réveillait par la pensée que tout cela n'était qu'un songe. Dans d'autres cas, les rêves ataviques étonnent la conscience personnelle à un tel degré, l'indignent si fortement qu'ils provoquent, le réveil immédiat et complet.

Ainsi, par exemple, un homme bon et pacifique se réveille horrifié, avec la sensation d'un rétrécissement pénible dans la région du cœur, et le front baigné d'une sueur froide, lorsque le jeu subjectif des différents appareils et éléments de son système névro-cérébral le transporte en rêve dans un milieu qui lui est étranger et antipathique et lui fait commettre quelque action barbare et cruelle tout à fait incroyable et impossible de nos jours, mais par contre pleinement possible aux temps passés, dans la perspective séculaire de la vie humaine sur la terre. En présence de faits pareils, le professeur Maudsley a eu toute raison de dire :

« Si nous devions être responsables de nos rêves, il n'y aurait pas un homme sur la terre qui ne mériterait d'être pendu. »

Ainsi les rêves rétrospectifs ou ataviques plongent l'homme dans les périodes depuis longtemps

passées du développement de la conscience générale de son espèce, et si ces rêves ne produisent
pas un choc assez fort pour éveiller au moins partiellement notre conscience endormie, nous n'en
gardons aucun souvenir au réveil, et nous n'avons
aucun moyen de reconstruire les images, les sentiments et les représentations qui en formaient la
trame. En outre, pour pouvoir se souvenir des
rêves et même les remarquer, on a besoin d'une
certaine habitude, et tous ceux qui ont eu l'occasion
d'étudier les songes savent que cette habitude se
développe et se fortifie chez les hommes par l'exercice (Nelson). Or, les conditions ordinaires de la
vie contemporaine ne se prêtent guère au développement de cette habitude, et beaucoup de personnes ont des rêves, mais elles leur accordent si
peu d'attention qu'elles n'ont pas conscience d'avoir
rêvé. Pour bien comprendre cela, il ne faut pas
oublier qu'il nous arrive même pendant la veille
de voir un objet quelconque et de ne pas le remarquer, de sorte qu'après nous soutenons avec
conviction que nous ne l'avons même pas vu. Un
phénomène identique se produit bien plus souvent
et bien plus facilement dans nos rêves ; mais cela
ne nous donne pas le droit de déclarer que le
sommeil sans rêves est possible. Au contraire,
connaissant l'existence de la vie subjective de nos
tissus et éléments névro-cérébraux et aussi que le
sommeil lui-même n'est que le temps du repos

de notre conscience personnelle, nous sommes obligés d'admettre que tout sommeil doit nécessairement s'accompagner de rêves.

Il va de soi que plus le système névro-cérébral est impressionnable et normal, plus les traces laissées en lui par chaque pensée, chaque sentiment, chaque représentation, se montreront stables et distinctes, et par suite plus il sera facile à la conscience de reconstruire à son réveil, d'après ces traces, les images hypnagogiques, les rêves qui remplissaient le monde psychique du dormeur de leur vie active et spéciale. D'un autre côté, il est hors de doute que plus la conscience personnelle est fortement et richement développée, plus elle peut se passer de sommeil, et, endormie, se réveiller partiellement sous l'influence de chaque rêve.

Cela posé, il est aisé de concevoir pourquoi le nombre des rêves se montre d'autant plus considérable, chez un homme, que son intelligence est plus avancée, son savoir plus vaste. La raison en est que tout développement psychique s'accompagne toujours d'une plus grande impressionnabilité du système névro-cérébral, d'une plus grande activité de la conscience, toutes conditions éminemment favorables à la réminiscence des rêves. Au contraire, moins un homme a l'intellect développé, plus cette réminiscence est chez lui difficile.

Il va de soi que pour termes de comparaison il faut toujours prendre des sujets du même âge, car l'impressionnabilité du système névro-cérébral et la stabilité des traces se modifient notablement suivant les époques de la vie. C'est pour cela que les personnes jeunes ont beaucoup plus de rêves que les personnes d'un âge mûr (Heerwagen). Comme preuve que le développement personnel de chacun détermine la qualité et la trame de ses rêves, nous pouvons citer ici le fait noté par le professeur Maudsley, à savoir que dans le temps où un homme est absorbé, pendant l'état de veille, par un travail scientifique qui exige un effort systématique et sévère de la pensée, ses rêves commencent à se distinguer par une plus grande logique et par une contexture plus régulière.

Jean-Paul Richter a attiré notre attention sur la prédominance prononcée des rêves effrayants et hideux, ce qu'il explique par ce fait, que les rêves agréables et beaux exigent avant tout un certain ordre et une suite logique et sévère dans les idées et les images, tandis que pour les songes effrayants, hideux et baroques, il suffit d'un jeu capricieux et désordonné des images hypnagogiques. D'après toute probabilité, les rêves beaux et agréables doivent se rencontrer le plus souvent chez les personnes dont les sentiments artistiques sont fortement développés.

Toute cette analyse nous permet déjà de conclure que la soi-disant absence de rêves a une signification défavorable, en ce qu'elle démontre

toujours, d'une part, la faiblesse des traces, de
l'autre, la pauvreté des associations et, par suite,
l'indigence de la vie psychique. Nos observations
nous ont convaincue que l'absence de rêves est
souvent le signe avant-coureur d'une maladie
mentale ou nerveuse. Macario a déjà noté que pendant la démence on observe une absence presque
complète de rêves. En outre, il est reconnu que
chez les vieillards les songes se composent presque exclusivement des réminiscences, des souvenirs de leurs années d'enfance et de jeunesse, et
c'est tout naturel, car nous savons que lorsque
l'homme perd ses forces mentales, ce qui s'efface
avant tout, ce sont ses dernières acquisitions,
c'est-à-dire les traces les plus récemment laissées
dans son système névro-cérébral.

Nous avons déjà constaté la connexion qui existe
entre la vie subjective de notre système névro-
cérébral, et par suite aussi de nos rêves, et la
somme des traces laissées par les diverses sensations; il est donc tout naturel de se poser cette question : qu'observe-t-on chez les sujets privés de
l'usage de tel ou tel sens ou à qui manque un bras
ou une jambe? Sous ce rapport le travail de Herrmann, qui a observé plus de cent aveugles et déterminé le caractère de leurs rêves, ainsi que leur

fréquence, offre un intérêt tout spécial. Ces observations ont démontré que, chez les aveugles en général, les rêves se rencontrent plus rarement que chez les sujets tout à fait normaux ; en outre, les sensations et les représentations subjectives visuelles étaient complètement absentes chez ceux des aveugles qui ont perdu la vue avant l'âge de cinq ans.

Dans les cas où la vision avait été anéantie entre 5 et 7 ans, les représentations subjectives visuelles et aussi les rêves visuels persistaient, mais en même temps les uns et les autres se manifestaient d'autant plus longtemps et à un âge d'autant plus tendre, que les sujets avaient l'intellect plus développé; au contraire, ces traces et ces rêves visuels s'effaçaient d'autant plus vite que les aveugles se montraient plus hébétés; de sorte que les moins intelligents d'entre eux ne voyaient jamais d'images dans leurs rêves, même lorsque la cécité les avait frappés à sept ans.

Il va de soi que la persistance des images et des représentations visuelles n'était possible que dans les cas où les parties centrales de l'appareil visuel demeuraient encore intactes; dans le cas contraire, les malades ne conservaient pas le moindre vestige de sensations et de représentations visuelles. Pour donner aux lecteurs une idée de la durée pendant laquelle peuvent se conserver les traces de pareilles sensations et représentations dans les parties centrales des appareils visuels, je peux mentionner ici deux aveugles chez lesquels les rêves visuels persistaient encore 52 et 54 années après la destruction complète des parties périphériques de l'organe de la vue.

Les observations faites sur les personnes sourdes et muettes ont aussi démontré que si la surdité se développe avant l'âge de 5 ans, les malades oublient souvent le langage humain. On a reconnu de même que plus l'intelligence de ces malades était vive, plus ils se montraient capables de conserver l'usage de la parole, quoique la surdité se fût manifestée de bonne heure ; au contraire, si leurs facultés mentales étaient faibles, l'apparition de cette infirmité, même à l'âge de 6 ou de 7 ans, amenait aussi la perte de la parole et les malades devenaient des sourds-muets.

Les observations faites sur les songes d'un sujet né sans bras et sans pieds ne manquent pas non plus d'intérêt. Ce sujet ne se voyait jamais en rêve que mutilé. D'autres, pareillement difformes, présentaient des phénomènes opposés, c'est-à-dire rêvaient qu'ils possédaient des extrémités normales. Il est clair que cette différence était provoquée ici par la faiblesse des traces transmises héréditairement, là par leur force et leur précision ; tout dépend donc de l'état des appareils névrocérébraux correspondants, c'est-à-dire de leur conservation intégrale ou partielle, et aussi du degré d'intelligence du sujet et de la netteté plus ou moins grande de ses traces héréditaires.

On se demande à présent quelles modifications présentent les rêves chez les sujets qui ont été opérés de tel ou tel membre. Les observations faites dans ce sens ont démontré que les amputés ne se voient jamais en songe marchant sur des béquilles ; au contraire, ils rêvent toujours qu'ils marchent sur leurs pieds, à cette seule différence près que leurs extrémités commencent à leur paraître de plus en plus raccourcies à mesure que le temps s'avance. En outre, on a constaté que, même pendant la veille, les malades de cette sorte se représentent l'extrémité mutilée comme entière et normale, et ils sentent d'une manière bien nette la présence des doigts amputés, c'est-à-dire qu'ils sentent spécialement les parties où se développe la sensibilité en général et le toucher en particulier. Avec le temps, l'extrémité qui a été opérée commence à paraître de plus en plus courte, jusqu'à ce que les doigts, dans l'idée du malade, aient enfin rejoint le moignon. De plus, il a été remarqué que cette hallucination est bien nettement accusée dans les cas où la plaie s'est fermée rapidement et sans complications ; au contraire, quand la plaie a suppuré, quand la cicatrisation a été douloureuse, les hallucinations de ce genre peuvent être complètement absentes. Cette différence provient évidemment de ce que, dans le dernier cas, le sujet reçoit une masse de sensations du point même ou a passé le couteau de l'opérateur, et grâce à elles il parvient à se familiariser avec la forme changée de son extrémité. Les observations sur les personnes amputées dans les tendre années de l'enfance nous manquent jusqu'ici, et par conséquent nous ne pouvons dire à quel âge de la vie commencent à se montrer les hallucinations décrites, quoiqu'il soit logique de supposer que ces hallucinations ne sont pas possibles chez les tout petits enfants, qui n'ont pas encore eu le temps de se familiariser avec la forme normale de leurs extrémités.

Après tout ce qui vient d'être dit, il est aisé de comprendre que les rêves se divisent en rêves intra-craniens ou centraux d'un côté, et périphériques ou extra-craniens de l'autre. Ceux du premier groupe dépendent de l'activité des appareils névro-cérébraux localisés dans le cerveau, tandis que ceux du second ordre sont le produit de l'activité des appareils nerveux localisés en dehors du cerveau. On peut encore distinguer les songes qui dépendent de la vie propre ou subjective des appareils névro-cérébraux, et ceux qui sont occasionnés par les irritations qui tombent sur l'homme endormi du milieu ambiant. Ces derniers peuvent aussi être appelés des rêves induits. Ainsi, par exemple, les chaufferettes appliquées aux pieds peuvent induire le dormeur à rêver du Vésuve, de l'Etna, à s'imaginer qu'il marche sur la lave encore chaude, et ainsi de suite.

*
* *

Dans ce chapitre, nous avons déjà plusieurs fois noté que le nombre des songes est directement proportionnel au développement de la conscience, lequel dépend en grande partie de la stabilité et de la profondeur des traces laissées par les différentes sensations et représentations dans notre système névro-cérébral. On se demande à quel âge apparaissent les premiers rêves chez les enfants? Il est presque hors de doute que les songes existent chez les enfants dès les premiers jours de leur vie, mais leur domaine est nécessairement circonscrit aux sensations et représentations si peu nombreuses qui se manifestent chez le nouveau-né. A l'appui de cette assertion, on peut citer le fait, que les mouvements de succion pendant le sommeil se remarquent chez les enfants dès les premières semaines de leur existence.

Nous avons observé des songes plus compliqués, suivis de rires, chez des bébés de six mois. Il est certain que les récits conscients de rêves n'apparaissent qu'au moment, variable suivant les individus, où l'enfant possède déjà bien la faculté de la parole. Non moins variable est le moment auquel remontent les premières réminiscences de l'enfance. Ordinairement, les hommes se rappellent tels événements qui leur sont arrivés de 5 à 7 ans, mais dans des cas exceptionnels les souvenirs datent de bien plus loin, certains adultes conservant la mémoire de faits auxquels ils ont été mêlés à l'âge de 2 ou 3 ans. La réminiscence la plus lointaine qu'on ait observée jusqu'ici, se rapportait à l'âge de 11 mois ; une femme se rappelait tout l'entourage, toutes les personnes qui assistaient à sa première promenade indépendante. Une mémoire pareille suppose nécessairement une organisation remarquablement heureuse du système nerveux central.

Il faut donc, dans l'éducation des enfants, prêter une sérieuse attention à leur sommeil, au caractère de leurs songes et à leur fréquence. C'est un fait constaté par la littérature médicale, que les songes lourds et inquiets annoncent souvent l'approche d'une maladie. Eh bien, si les enfants gémissent, pleurent dans leur sommeil, s'ils se lèvent en sursautant d'effroi pendant la nuit et ne peuvent se calmer (c'est ce qu'on appelle les terreurs nocturnes des enfants), tout cela dénote déjà un dérangement sérieux de l'équilibre normal, et il devient nécessaire de recourir à l'assistance d'un médecin. Pareillement l'absence ou la rareté des songes chez les enfants est d'un mauvais augure. Il ne faut pas oublier que le surmenage cérébral, dont souffrent à notre époque tant d'enfants et d'adultes, commence tout d'abord à se faire sentir dans les songes.

Ainsi les rêves peuvent jusqu'à un certain point nous prévenir de la maladie qui nous menace. Outre cette utilité indirecte, les rêves ont une influence salutaire directe, en faisant fonctionner certains organes du cerveau qui, pendant la veille, restent sans aucun emploi. Dans un chapitre précédent, nous avons déjà remarqué l'influence nuisible de la monotonie des sensations, des émotions et des pensées, et à ce point de vue les rêves se montrent on ne peut plus utiles, car ils apportent une certaine diversité dans la vie même la plus vide, la plus uniforme. Aux pauvres gens les songes tiennent lieu de distraction, comme l'ont noté plusieurs auteurs, entre autres Davidson, Burdach, Novalis, etc.

Novalis assure que les rêves servent de cuirasse contre la monotonie, l'uniformité et la trivialité de la vie à l'état de veille, de la vie réelle, et un peu plus loin il déclare avec pleine raison que nous vieillirions beaucoup plus vite, si nous n'avions pas de rêves. Et sans eux, peut-on ajouter, non seulement nous vieillirions plus vite, mais encore nous nous ennuierions davantage.

Pour se représenter mieux ce côté de l'influence des songes, il faut se rappeler le fait bien connu, que toutes les apparences de la vieillesse se montrent d'autant plus vite et d'autant plus fortement que les sujets sont moins développés et leurs facultés mentales moindres. Une intelligence supérieure suppose toujours une conscience énergique, et une conscience forte est la meilleure cuirasse contre l'influence destructive du temps. De fait, les biographies des personnages remarquables nous apprennent qu'ils se conservent admirablement et, jusque dans une vieillesse avancée, se distinguent par des qualités psychiques qui, chez les simples mortels, ne se rencontrent que pendant l'heureuse période de la jeunesse et de l'épanouissement complet de toutes les facultés.

En outre, pour apprécier convenablement l'utilité des rêves, il faut se souvenir que la vie d'une foule de gens se passe dans un milieu si peu intéressant, si ordinaire, que tout s'y trouve pour ainsi dire peint gris sur gris; de sorte qu'après une longue période d'une pareille existence ils n'en conservent même pas quelques souvenirs dignes d'attention. Moi-même j'ai rencontré une vieille de 60 ans, qui gardait le souvenir d'un rêve comme du plus joyeux, du plus heureux événement de toute sa longue vie! Il fallait voir comme elle se ranimait quand elle se prenait à raconter son rêve unique et sacré, qui avait jeté le seul rayon de bonheur et de splendeur sur son existence de petites misères monotones, de petites joies sans éclat et sans entrain. Dans ce rêve mémorable la pauvre femme se voyait en visite au palais, chez le tzar lui-même! Elle ne se fatiguait jamais de le raconter avec tous ses détails les plus minutieux, et il faut dire à la vérité que ce rêve représentait le seul élément poétique dans sa vie monotone de labeur et de peine, dans sa vie sevrée de toute distraction.

Enfin chacun de nous a sans doute éprouvé que les pensées que nous n'avions pu maîtriser pendant la veille, alors par exemple qu'il nous fallait prendre telle ou telle décision, revêtaient une forme tout à fait définie après une nuit passée dans un sommeil tranquille et paisible. Cette influence du sommeil a été déjà remarquée par la sagesse des nations. Un proverbe russe dit que « le matin est plus propice que le soir pour décider une question ». Les Allemands ont deux proverbes analogues : « l'heure matinale tient de l'or dans sa bouche », et « il faut toujours dormir une nuit avant de prendre une résolution définitive ». Les Français disent que « la nuit porte conseil ». Les Anglais et les Italiens ont des dictons équivalents.

Différents écrivains, différents savants et musiciens ont déclaré que beaucoup d'idées, de plans nouveaux, de mélodies nouvelles leur sont venus pour la première fois en rêve (Burdach, Lotze, Voltaire, Tartini, Macario et d'autres). S'appuyant sur des faits de ce genre, plusieurs auteurs ont positivement avancé que même dans nos littératures, dans nos sciences et dans nos arts il se trouve bien des choses qui ne sont que les résultats directs du travail cérébral élaboré pendant le sommeil (N. Lange, Helmholtz, Griesinger, Brodie, Maudsley, Beneke, Herbart, Fechner, etc.), et en général de l'activité cérébrale inconsciente. Après tout ce qui vient d'être dit, l'observation

suivante du professeur Macario présente un intérêt
particulier : une jeune maîtresse de musique, en
se mettant à étudier quelques morceaux difficiles,
était bien souvent obligée d'interrompre ses études avant de parvenir à vaincre toutes les difficultés. Dans ces conditions, elle avait remarqué que,
chaque fois qu'il lui arrivait de rêver qu'elle étu-
diait un de ces morceaux, elle se trouvait le lendemain tout à fait capable de le jouer en perfection,
quoique le soir, en allant se coucher, elle ne le sût
qu'à moitié. Le professeur Macario a constaté personnellement la vérité de cette assertion.

Pour n'omettre aucun point de la question qui
nous occupe, nous devons à présent nous arrêter
quelque temps sur les rêves prophétiques. Les
rêves de ce genre peuvent être divisés en deux groupes ; premièrement ceux où l'homme ressent dans
telle ou telle partie de son corps des douleurs dont
il souffre tôt ou tard en réalité ; secondement ceux
où l'homme reçoit des avis, pour ainsi dire, sur ce
qu'il doit faire ou ne pas faire, ou même l'annonce
d'événements futurs de sa vie personnelle.

Pour illustrer notre pensée, citons quelques
exemples. Un homme rêve qu'il est mordu à la
jambe par un chien enragé ; en se réveillant, le
matin il ne sent rien ; mais deux jours après, il se
forme un ulcère à la place même de sa jambe où

il avait rêvé que le chien enragé le mordait. Le professeur Macario rêve qu'un brigand lui donne un coup de poignard dans la région du cœur, et au réveil éprouve une douleur aiguë dans la région précordiale. Dans d'autres cas, les dormeurs voient en songe une tempête, un orage ; ils rêvent d'un tonnerre qui les assourdit, et en se réveillant ensuite, ils constatent qu'en effet ils sont devenus sourds.

Tous les rêves pareils s'expliquent naturellement par ce fait que, pendant le sommeil, les songes entourent de certaines images les changements qui se développent dans la conscience de de l'homme endormi, et qui sont occasionnés par le processus pathologique commencé dans l'organisme de l'homme, et demeuré pendant la veille inaperçu au milieu de toute une masse de sensations, de représentations et de sentiments suscités en lui par les impressions du monde ambiant.

Comme exemples de rêves prophétiques du second ordre on peut citer les suivants. Abercrombie cherchait depuis plusieurs jours à se rappeler quel verset de l'Écriture Sainte on lui avait donné, ainsi qu'à toute sa classe, à apprendre par cœur comme punition, alors qu'il n'avait que 7 ans seulement. Tous ses efforts pour se rémémorer ce verset demeuraient infructueux : mais une nuit, en dormant, il vit en songe ce verset même et le chapitre de Jérémie dans lequel il se trouvait. Le

même auteur raconte le cas suivant : un employé
de la banque, en terminant un jour ses comptes,
avait remarqué qu'il lui manquait une somme de
six livres sterling. Il eut beau chercher à se rappeler ce qu'il avait fait de ces six livres, il ne put
y parvenir. Pendant la nuit, en rêve, il vit un
homme qui bégayait fortement et qui le pressait
de lui remettre au plus vite six livres sterling, qu'il
lui donna sans le faire attendre. Au réveil, il se
mit à réfléchir sur son rêve et il le reconnut con-
forme de tout point à la vérité.

Un songe analogue a été communiqué par le
docteur Liébault. Une de ses patientes rêva qu'elle
était en danger de se noyer quand elle fut sauvée
par un nommé Olry. Quelques années se passent :
tout d'un coup entre chez elle un monsieur qui
ressemblait trait pour trait à celui qui l'avait
sauvée en rêve. Elle était si fortement impressionnée par cette ressemblance que, sans perdre un
moment elle demanda au visiteur : « Vous êtes
Olry ? » « Oui, je me nomme Olry », lui répondit
cet inconnu qu'elle n'avait cependant jamais vu
qu'en songe. M. Liébault remarque qu'un rêve
pareil pouvait très bien passer pour un miracle ;
mais une enquête sévère établit que cet Olry demeurait dans le proche voisinage de la dame,
c'est-à-dire à une distance de 12 kilomètres tout au
plus ; elle avait donc dû le rencontrer auparavant,
mais apparemment elle avait oublié ce fait, ainsi

que le nom de famille de son sauveur imaginaire.

Le professeur Maury raconte un cas analogue : un certain monsieur M..., qui avait été élevé à Montbrison et y avait vécu quelque temps, 25 ans auparavant, résolut enfin de revoir cette ville. La veille de son départ, il rêve qu'il arrive à Montbrison, qu'il y rencontre un monsieur, lequel se nomme et se donne comme un ancien ami de son père. Le lendemain il part pour cette ville, et en y arrivant il aperçoit le même paysage qu'il avait vu en songe ; puis il rencontre le même monsieur dont il a rêvé, avec cette seule différence que ce monsieur paraissait en réalité plus âgé que celui du songe. Son nom de famille se trouve être le même, et lui aussi se donne comme un ancien ami de feu son père. A cette catégorie de songes prophétiques, provenant de ce que de vieilles traces, plus ou moins oubliées, commencent à revivre dans le système névro-cérébral de l'homme, appartient aussi le rêve cité par le professeur Macario : un fils ayant hérité de ses parents un morceau de terre, se rappela très bien avoir entendu dire à son père qu'il l'avait acheté et que toute la somme était payée ; mais néanmoins il ne pouvait retrouver nulle part les documents établissant ses droits de possession ; et il courait le risque de perdre le procès qu'on lui intentait au sujet de ce bien. La veille du jour où le litige devait être définitivement tranché, le fils voit en songe son père, qui lui dit que les documents se trouvent chez un certain notaire, qui s'est retiré des affaires. En se réveillant, le fils se rend chez ce notaire et découvre là tous les documents nécessaires. Son procès était gagné.

En présence de tous ces faits, il est naturel de se poser la question suivante : Y a-t-il dans la science des preuves démontrant que la mémoire peut être plus active pendant le sommeil que pendant la veille? Plus haut nous avons vu que la mémoire dépend des traces laissées dans nos cellules et nos tissus par les sensations, les sentiments et les réprésentations qui s'y sont succédé. En outre, nous avons reconnu que toutes les hallucinations et tous les rêves sont précisément formés de traces pareilles; et quant à celles-ci. il ne faut pas oublier qu'un observateur aussi éminent que feu Helmholtz a déjà démontré qu'elles offrent souvent des particularités, des traits qu'on a laissé passer inaperçus pendant l'observation des objets réels. La même chose a été notée aussi par Brentano. Par conséquent, la vie subjective de nos appareils neuro-cérébraux, qui met en œuvre les traces accumulées dans notre organisation pendant toute notre existence peut bien quelquefois nous présenter telles qualités, telles particularités que nous avions laissées passer inaperçues dans la veille, dans la vie réelle, pendant la contemplation et l'observation des objets réels.

Par conséquent, les images de nos songes, que constituent en totalité les différentes traces ou personnelles ou héritées du genre ou de l'espèce, peuvent attirer notre attention sur telles particularités qui nous échappent à l'état de veille ; et tout cela peut naturellement nous donner l'impression que notre mémoire est plus active pendant le sommeil que pendant la veille. En outre, pendant le sommeil, grâce au repos de la conscience, toute concentration volontaire de l'attention devient impossible, et par suite il peut nous venir à l'esprit telles images, telles associations qui étaient artificiellement éliminées du champ de notre conscience par une application trop assidue et trop limitée de notre attention. Comme résultat de cette plus grande liberté de notre vie psychique pendant le sommeil, on peut se rappeler alors bien des faits, bien des détails qui nous échappent complètement pendant la veille : cela ne dépend pas d'une mémoire plus active, mais de conditions, comme nous l'avons remarqué, tout à fait secondaires.

C'est à cela que se réduisent ceux des rêves prophétiques qui se prêtent à une explication scientifique. Cependant, il nous arrive quelquefois de voir en songe telle ou telle personne nous adresser une prière tout à fait inattendue, et ensuite, au bout de quelques jours ou de quelques semaines notre rêve se réalise littéralement.

Des rêves prophétiques de ce genre s'expliquent ou bien par la supposition que nous possédions toutes les données nécessaires pour nous attendre à tel ou tel acte de la part de telle ou telle personne, mais sans en avoir conscience, sans y prendre garde, ou bien par une simple coïncidence, par un simple hasard.

*
* *

Ainsi nous voyons que le sommeil n'est pas possible sans la conscience et que tous les changements de la conscience se reflètent dans le sommeil. En finissant notre esquisse, il nous faut encore dire quelques mots de cet état particulier de la conscience que l'on connaît sous le nom de *sentiment de la préexistence;* du moins c'est ainsi que cet état a été appelé par Walter Scott, le premier auteur qui ait décrit cet état étrange de la conscience humaine. Il consiste en ceci, qu'un milieu insolite, que nous apercevons pour la première fois de notre existence, nous paraît tout à coup bien connu et même familier.

C'est ainsi qu'un paysage que nous contemplons pour la première fois de notre vie personnelle, ou une scène, un événement inattendus qui se déroulent pour la première fois sous nos yeux, nous font tout à coup l'effet de n'être qu'une répétition de ce que nous avons déjà vu, entendu ou éprouvé dans la perspective lointaine du passé. On a déjà remarqué que, dans ces cas, il nous semble toujours que nous voyons tout cela pour *la seconde fois*, et jamais pour la troisième ou la quatrième.

Une sensation semblable produit toujours sur notre conscience une étrange impression; elle nous effraye, pour ainsi dire, par son côté énigmatique. Nous savons que nous n'avons jamais vu, que nous n'avons jamais ressenti rien de pareil et pourtant notre conscience nous dit que tout cela *a été* déjà une fois. La littérature médicale a noté plusieurs cas semblables, et des auteurs ont tâché de les expliquer, les uns (Jessen) par l'hypothèse qu'auparavant il nous est arrivé de lire ou de voir en peinture ou même en songe quelque chose d'analogue; les autres (Wigan) par la supposition qu'un hémisphère cérébral a pu percevoir tous les détails d'un certain paysage ou d'un certain milieu, tandis que l'autre était tout absorbé par quelque conception ou simplement fatigué et réfractaire; puis quand il commence à prendre conscience de la scène ou du milieu qui l'environne, ces impressions trouvent déjà dans le cerveau des traces correspondantes, et le sujet conclut qu'il voit et qu'il ressent tout cela pour la seconde fois. Ces erreurs de la conscience sont assurément possibles: ainsi l'on sait, par exemple, qu'un jour Beethoven, en entrant dans un restaurant, demanda la carte, commanda son dîner, et se mit aussitôt à écrire sur le verso de la même carte le commencement d'une de ses immortelles symphonies ; quand le garçon lui apporta le potage, Beethoven lui paya la note, bien convaincu qu'il avait fini de dîner ; et sans prendre garde aux objections du garçon, il s'en alla chez lui. Il est évident que sa conscience était absorbée par la composition, par la création musicale, et comme la carte qu'il avait lue avant de commander les plats avait laissé dans son cerveau des traces ayant trait aux différents mets et au dîner, sa conscience, rappelée aux choses réelles de ce monde par l'apparition du garçon avec le potage, prit ces traces pour celles d'un dîner absorbé en en effet : de là la fausse conviction d'avoir déjà mangé qui fit que Beethoven paya le dîner sans y avoir touché.

Ces erreurs de la conscience sont possibles, et les explications citées plus haut seraient tout à fait vraisemblables, si nous n'avions pas des faits établissant que ce sentiment de préexistence peut apparaître simultanément chez deux sujets, mais toujours chez deux sujets qui soient proches parents comme deux sœurs, ou deux frères ou un frère et une sœur, en un mot, chez deux sujets appartenant à la même famille, descendant des mêmes aïeux. Autant que je sache, ce sentiment de préexistence n'apparaît jamais simultanément chez deux personnes qui ne sont pas réunies par les liens d'un même sang. L'amitié la plus intime et même la vie commune des époux ne peuvent remplacer, sous ce rapport, la parenté du sang, la communauté d'origine. Comment peut-on expliquer ce fait-là? Il nous paraît que l'explication la plus vraisemblable réside dans l'hypothèse qu'en des moments pareils, alors que ce sentiment de préexistence s'impose à nous, nous avons conscience de ce qui a été senti et vécu par quelqu'un de nos aïeux plus ou moins proches; nous revivons ce qui nous a été héréditairement transmis par nos ancêtres, semblablement à ce qui nous arrive pendant les rêves rétrospectifs ou ataviques, dont il a été question plus haut.

La science contemporaine reconnaît déjà qu'au fond de la transmission héréditaire des diverses particularités de notre organisation psychique et physique, des diverses difformités et maladies, se trouve la continuité du plasma fœtal (Weissmann) ou de l'idioplasma (Naegeli). Nous savons que les formes de notre pensée, c'est-à-dire la nécessité de tout nous représenter comme existant dans le temps, dans l'espace, et comme ayant une cause suffisante, nous sont transmises par hérédité. Nous savons aussi que chaque faculté psychique de l'homme se fortifie et s'accroît par l'exercice. Nous savons enfin que les gestes caractéristiques, que les talents spéciaux, que les traits originaux, ainsi que les particularités de l'écriture et de la pensée elle-même, se transmettent héréditairement d'une

génération à l'autre, — mais, certes, inconsciem-
ment. Nous savons tout cela et, nous appuyant sur
des faits pareils, nous osons jeter mentalement un
regard dans le nébuleux lointain du futur, et supposer que, dans la perspective infinie des temps à
venir, il peut arriver un moment où le développement de notre conscience aura atteint un degré
si considérable que nous, les hommes, nous aurons
la possibilité d'avoir conscience, pour ainsi dire
en arrière ou rétrospectivement, de savoir *consciem-
ment* ce que nos aïeux plus ou moins reculés ont
senti, éprouvé, pensé, vécu, et ce qu'ils nous ont
légué comme un patrimoine imprescriptible.

A ce point de vue, nous devons considérer ces
cas de sentiment de préexistence, qui se rencontrent à présent à l'état de phénomènes isolés et
incompréhensibles, comme les faibles lueurs d'une
aurore présageant la venue, fût-elle encore éloignée,
de ce jour éblouissant où la conscience humaine
aura enfin atteint le sommet de son développement, la plénitude de ses forces ! Et alors les hommes
de science seront appelés à étudier en même temps,
non seulement la continuité du plasma fœtal, mais
aussi le sublime secret de la continuité de la
conscience au milieu des innombrables générations humaines, qui, comme les vagues d'un
océan, se suivent, se poussent et se remplacent à
l'infini, sans autre lien commun que cette indes-
tructible conscience....

Articles et livres ayant trait à la psychologie du sommeil.

KANT (Imm.), Anthropologie in pragmatischer Hinsicht, 1800, Königsberg, p. 104.

SAGOT, Quelques recherches sur la rapidité des sensations et la promptitude des opérations de l'esprit (Archives générales de Médecine, 1853, t. 11).

DONDERS, Schnelligkeit psychischer Processe (Archiv für Anatomie und Physiologie, 1868).

KRIES und AUERBACH, Die Zeitdauer einfachster psychischer Vorgänge, *ibidem*, 1877.

GALTON, Psychometric Experiments (Inquiries in to human Faculty, 1883).

MANACÉINE (M. de), De la fatigue cérébrale et des moyens de la définir (Bull. du Musée pédagogique, 1883-1884, en russe).

TRAUTSCHOLD (M.), Experimentelle Untersuchungen über die Association der Vorstellungen (Wundt's Philosophische Studien, 1882, t. I, liv. 2).

FRIEDRICH (Max.), Ueber die Apperceptionsdauer bei einfachen und zuzammengesetzten Vorstellungen, (*ibidem*, 1881, t. 1, liv. 1 et 1883, t. II, livr. 1.

MOLDENHAUER, Ueber die einfache Reactionszeit einer Geruchsempfindung. *Ibidem*, 1883.

CATTEL (James-Mac-Keen), Psychometrische Untersuchungen, (*ibidem*, 1886, t. III, liv. 2 et 3, 1887, t. IV, liv. 2).

VÖLKELT, Erfundene Empfindungen (Philosophische Monatshefte, t. XIX. p. 513).

MERKEL, Die zeitlichen Verhältnisse der Willensthätigkeit. *Ibidem*, 1883, t. II, liv. 1.

WUNDT, Ueber die Messung psychischer Vorgänge (Philosophische Studien, 1882, t. 1, liv. 2.

LE MÊME, Ueber psychologische Methoden (*ibidem*, 1881, t. I, liv. 1).

WUNDT, Selbsteobachtung und innere Wahrnehmung (*ibidem*, 1887, t. IV, liv. 2).

DIETZE, Untersuchungen über den Umfang des Bewusstseins bei regelmässig auf einander folgenden Schalleindrücken, *ibidem*, 1884, t. II, liv. 1.

KRAEPELIN (Émil.), Zur Kenntniss der psychophysischen Methoden. (Philos. Studien, t. VI, liv. 4. 1891).

MERKEL (J.), Theoretische und experimentelle Begründung der Fehlermethoden, (*ibidem*, t. VII, liv. 4, 1892).

BUNGE, Lehrbuch der physiologischen und pathologischen Chemie, 1887.

BONNET, Essai analytique sur les facultés de l'âme, 1769.

BARRACLOUGH, The Medical Science and Medical Teaching (The Medical Press, 1874, 26 août). — Tyndall's Life, p. 97 et 149).

DARWIN (Erasmus), Zoonomia or the laws of organic life, 1796, t. I, p. 21.

GRUITHUISEN, Beiträge zur Physiognosie und Eautognosie, 1812, p. 232. etc.

MÜLLER (Johannes), Ueber die phantastischen Gesichtserscheinungen, 1826.

PURKINJE, Beiträge zur Kenntniss des Sehens in subjectiver Hinsicht, 1823 et 1825.

NASSE, Zeitschrift für Anthropologie, 1825, t. III, p. 166 et suiv.

HERSCHELL, On Sensorial Vision (Familiar Lectures on scientific subjects 1867).

HARTMANN, Zur Geschichte und Begründung des Pessimismus, 1880.

HENLE, Ueber das Gedächtniss in den Sinnen (Wochenschrift für die gesammte Heilkunde, 1838, nᵒˢ 18 et 19).

LAYCOCK (Th.), On certain organic disorders and defects of Memory (Edinburgh Medical Journal, avril 1874).

HERING (Ewald), Ueber das Gedächtniss als eine allgemeine Function der Materie, 1870.

MAURY, Des hallucinations hypnagogiques (Annales médico-psychologiques, 1848, t. XI, p. 27 et suiv.).

BAILLARGER, De l'influence de l'état intermédiaire à la veille

et au sommeil sur la production et la marche des hallucinations (Annales Médico-psychologiques, 1845, t. IV,
p. 180 et suiv.).

Burdach. Die Physiologie, 1838, t. III, p. 504 et suiv.

Schopenhauer, Ueber das Fundament der Moral. Die beiden
Grundprobleme der Ethik, 1860.

Cassina, Saggio analitico sulla compassione, 1788.

Bain (Alex.), The Emotions and the Will, 1865.

Le même, Mental and Moral Science, 1872.

Spencer (Herbert), The Principles of Psychology, 1872,
t. II, p. 540 et suiv.

Darwin (Charles), The Expression of Emotions, 1872, p. 208.

Reynolds, Discourses, t. XII, p. 100.

Marshall Hall, Practical Observations and Suggestions in
Medicine, 1846, p. 29 et suiv.

Müller (Johannes), Handbuch der Physiologie, 1840, t. II,
p. 568, 584 et suiv.

Hunter (John), OEuvres complètes, 1839, t. I, p. 386 et suiv.

Madden, The Lancet, 15 novembre 1851.

Bain (Al.), Les sens et l'intelligence, 1874, p. 301.

Fechner, Elemente der Psychophysik, 1860, t. 1 et t. II,
p. 450 et suiv.

Aristote, Psychologie traduit par J.-Barthélemy Saint-Hi-
laire, 1847.

Nikolai, Berliner Monatsschrift, mai 1799.

Le même, Philosophische Abhandlungen, t. 1, p. 58 et suiv.

Brach, Medicinische Zeitschrift d. Vereine für Heilkunde in
Prag. 1837, n° 5.

Meyer (H.), Physiologie der Nervenfaser, 1840, p. 239 et suiv.

Cardanus, De varietate rerum lib. VIII, p. 160 et suiv. De
subtilitate lib. XVIII, p. 519 et suiv.

Göthe, Beiträge zur Morphologie und Naturwissenschaft im
Allgemeinen, 1872, t. XIV, p. 427 et suiv.

Spiess, Physiologie des Nervensystems von arztlichen Standpunkte, 1844.

Manacéine (M. de), Observations sur les rêves. Comptes
rendus du VIᵉ congrès des médecins et des naturalistes
russes, 1880, p. 123 (en russe).

Passek, Réminiscences (Rousskaja Starina, 1877 (en russe).

Maine de Biran, Œuvres philosophiques, 1841, t. II, p. 239.

Rousseau (J.-J.), Discours sur l'origine de l'inégalité, p. 91 et suiv.

Treviranus, Biologie, t. V, p. 451 et suiv.

Krafft-Ebing, Ueber gewisse formale Störungen des Vorstellens (Vierteljahrsschrift für gerichtl. Medicin, 1870, t. XII, p. 133 et suiv.).

Broussais, Lectures on Phrenology (The Lancet, 1837, t. I, p. 905).

Strümpell, Die Natur und Entstehung der Träume, 1874, p. 125 et suiv.

Schopenhauer, Ueber den Satz vom zureichenden Grunde, 1860.

Leibnitz, Opera philosophica ed. Erdmann, p. 715.

Fick, Die Welt als Vorstellung, 1870.

Wundt, Grundzüge der physiologischen Psychologie, 1887, t. II.

Diez, Würtemberger medicin. Correspondenz-Blatt, IV, 2, 1841.

Winter, The Borderlands of Insanity, 1875, p. 271.

Wilks (Samuel), On the Faculty of Language and Duality of Mind (Guy's Hospital Reports, 1872, t. XVII, p. 161 et suiv.).

Brown-Séquard, The Medical and Surgical Reporter, 1874, t. XXX, p. 517. The Lancet, 1876, t. II, p. 75.

Verity, Subject and Object as connected with our Double Brain, 1872.

Philip, An experimental Inquiry into the laws of the vital functions, 1839, 4ᵉ édition, p. 208, et suiv.

Ladbroke Wigan (Arthur), The Duality of Mind, 1844.

Macario, Des hallucinations (Annales Médico-psychologiques, 1845, t. VI).

Maury, Nouvelles observations sur les analogies des phénomènes du rêve et de l'aliénation mentale (Annales Médico-psychologiques, 1853, t. V).

Le même, Des certains faits observés dans les rêves et dans l'état intermédiaire entre le sommeil et la veille (Annales Médico-psychologiques, 1857, t. III)

MAURY, Des hallucinations hypnagogiques ou erreurs des sens dans l'état intermédiaire entre la veille et le sommeil (Annales médico-psychologiques, 1848, t. XI).

LE MÊME, Le sommeil et les rêves, 1861.

VÖLKELT, Die Traum-Phantasie, 1875.

HILDEBRANDT, Der Traum und seine Verwerthung für's Leben, 1875.

SIEBECK, Das Traumleben der Seele (Sammlung gemeinverständlicher Vorträge, 1877, liv. 279).

HENNINGS, Von den Träumen und Nachtwandlern, 1784.

BINZ (C.), Ueber den Traum, 1878.

ESQUIROL, Hallucination (Dictionnaire des sciences médicales, 1817).

LIÉBAULT, Du sommeil et des états analogues, 1866.

FORBES WINSLOW, Obscure Diseases of the Brain and Mind, 1863.

MOREAU (de Tours), De l'identité de l'état de rêve et de la folie (Annales Médico-psychologiques, 1855, t. I, p. 373).

BAILLARGER, Annales Médico-psychologiques, 1862, t. VIII, p. 358.

BRIERRE DE BOISMONT, Des hallucinations, 1862.

LEMOINE, Du sommeil au point de vue physiologique et psychologique, 1855.

CONDILLAC, Essai sur l'origine des connaissances humaines, sect. 1, chap. IX.

JOHNSON, On some nervous disorders (The Lancet, 1875, t. II, p. 85.)

MACARIO, Des rêves, considérés sous le rapport physiologique et pathologique (Annales Médico-psychologiques, 1848-1849, t. VIII et IX).

IDELER, Ueber die Entstehung des Wahnsinns aus Träumen (Charité-Annalen, 1862, t. III, p. 284).

RUSSEL, A description of thoughts having suicide for their subject (The British Medical Journal, 22 février 1879, p. 271.

DIDEROT, OEuvres complètes, 1875, t. IV, p. 303.

BRACH, Ueber die Bedeutung des körperlichen Gefühls im gesunden und kranken Zustande (Rust's Magazin für die gesammte Heilkunde, 1842, t. XVII, p. 333 et suiv.).

Lotze, Medicinische Psychologie, 1852, p. 488 et suiv.

Taine, De l'intelligence, 1870, t. I. p. 150 et suiv.

Carpenter, Principles of Mental Physiology, 1874, p. 584 et suiv.

Archiv für Psychiatrie und Nervenkrankheiten, 1879, t. IX, liv. 2, p. 233 et suiv.

Harley, Autoclinical Remarks on Injury to the Retina from Overwork with the Microscope (The Lancet, 1868, 1er février).

Panum, Die scheinbare Grösse der gesehenen Objecte (Graefe's für Ophthalmologie, 1859, t. V, 1, p. 16 et suiv.).

Schroeder van der Kolk, Seele und Leib in Wechselbeziehung zu einander 1865, p. 110 et suiv.

Nudow, Versuch einer Theorie des Schlafs, 1791, p. 129 et suiv.

Laurent, Notice sur un éphialte qui a attaqué à la fois tout un bataillon du régiment de la Tour d'Auvergne (Journal général de Médecine, de Chirurgie et de Pharmacie, 1818, t. LXIII, p. 17 et suiv.).

Moreau de la Sarthe, Rêves (Dictionnaire des sciences médicales, 1820).

Falret, Des maladies mentales, 1864.

Judée, De l'état de rêve (Gazette des hôpitaux, 1856).

Guéniot, D'une hallucination du toucher ou hétérotopie subjective des extrémités particulière à certains amputés (Journal de la physiologie, 1861, t. IV).

Frölich, Ueber den Schlaf. Berlin 1821.

Davidson, Versuch über den Schlaf. Berlin, 1799.

Herrmann, Ueber die Bildung der Gesichtsvorstellungen aus Gesichtsempfindungen, 1835.

Valentin, Repertorium für Anatomie und Physiologie, 1837, t. I, liv. 4.

Le même, Neue Annalen von Hecker, 1836, t. III, p. 291 et 597.

Baczko, Ueber mich selbst und meine Unglücksgefährten die Blinden, 1807.

Nennuma Pathologische Untersuchungen als Regulative des Heilverfahrens, 1842, t. II, p. 129 et suiv.

Spitta, Die Schlaf und Traumzustände der menschlichen Seele, 1878.

Moritz, Magazin für Erfahrungsselenlehre, t. IV, art. 2, p. 88 et suiv.

Radstock, Schlaf und Traum, 1879.

Schubert, Geschichte der Seele, p. 420 et suiv.

Lindemann, Die Lehre vom Menschen, 1844, p. 404 et suiv.

Abercrombie, Inquiries concerning the Intellectual Powers 1840, p. 283 et suiv.

Hammond, Sleep and its derangements, 1873, p. 115 et suiv.

Hewitt Watson, What is the Use of the Double Brain ? (The Phrenological Journal, t. IX, p. 608 et suiv.)

Herbart, Sämmtliche Werke, t. V, p. 541 et suiv.

Scherner, Das Leben des Traumes, 1861.

Serguéjeff, Physiologie de la Veille et du Sommeil. Paris, 1890, t. I et II.

Tissié, Les Rêves, physiologie et pathologie. Paris, 1890.

Delboeuf, Revue philosophique, octobre 1879.

Heerwagen, Statistische Untersuchungen über Träume und Schlaf (Philosophische Studien, 1888, t. V, liv. 2).

Ox (Boris), Physiologie du sommeil et des rêves. Odessa, 1880 (en russe).

Orchkansky, Le sommeil et la veille. Pétersbourg, 1878 (en russe).

Nelson, American Journal of Psychology, t. I, liv. 2 et 3.

Macario, Gazette médicale de Paris, 1888-1889.

*** Les rêves et les moyens de les diriger. Paris, 1867.

Fucker, Light of Nature pursued, 1805, t. I.

Hill, Examination of Sir William Hamilton's Philosophy, p. 285 et suiv.

Maudsley, The Physiology and Pathology of Mind, 1868, p. 13-39 et p. 138.

Le même, Body and Will, 1883.

Griesinger, Die Pathologie und Therapie der psychischen Kranckheiten, 1861, p. 26.

Brodie, Psychological Inquiries, 1865, t. I, p. 20 et 128.

Wundt, Vorlesungen über die Menschen und Thierseele, 1863, t. II.

HARTMANN, Philosophie des Unbewussten, 8e édition.

LANGE, Geschichte des Materialismus, 1875, t. II, p. 447.

PREYER (W.), Naturwissenschaftliche Thatsachen und Prob-
leme, 1880.

MÜNSTERBERG, Die Willenshandlung, 1888.

LORD BROUGHAM, Discourse of Natural Theology, 1840.

BRENTANO, Psychologie von empirischen Standpunkte, 1874,
p. 180.

HELMHOLTZ, Physiologische Optik, p. 337.

JESSEN, Allgemeine Zeitschrift für Psychiatrie, 1865, t. XXII.

KANT, Kritik der reinen Vernunft, 1868.

WEISSMANN (A.), Die Continuitat des Keimplasma's als Grund-
lage einer Theorie der Vererbung, 1885.

LE MÊME, Ueber die Dauer des Lebens, 1882.

LE MÊME, Ueber die Vererbung, 1883.

ELSBERG, Proceedings of the American Association, 1874.

NAGELI, Mechanisch-physiologische Theorie der Abstam-
mungslehre, 1884.

ROTH (Ém.), Die Thatsachen der Vererbung, 1885.

LOTI (P.), Le livre de la pitié et de la mort, 1891. Rêve.

RIBOT, Das Gedächtniss und seine Störungen, 1882.

MANACÉÏNE (M. de), Suppléance d'un hémisphère cérébral par
l'autre (Archives italiennes de Biologie, 1894).

JAMES BALFOUR, The foundations of Belief, 1895.

TABLE ANALYTIQUE DES MATIÈRES

FIN DE LA TABLE DES MATIÈRES.

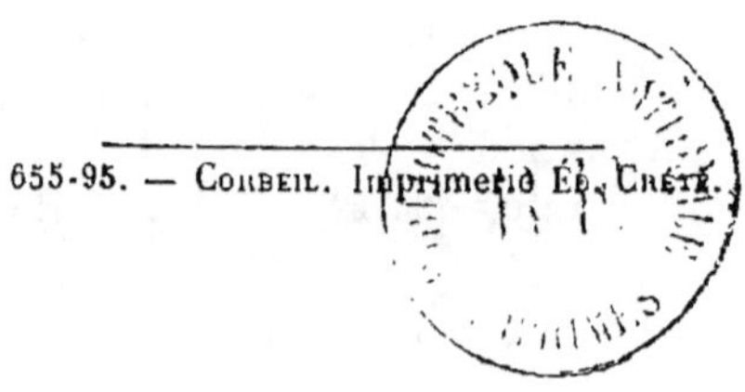

655-95. — Corbeil. Imprimerie Éd. Crété.